안녕~
만나서 반가워.

비와 비율에 대해
알려줄게~

준비됐지?!!

책의 구성

1 단원 소개

공부할 내용을 미리 알 수 있어요.
건너뛰지 말고 꼭 읽어 보세요.

2 개념 익히기

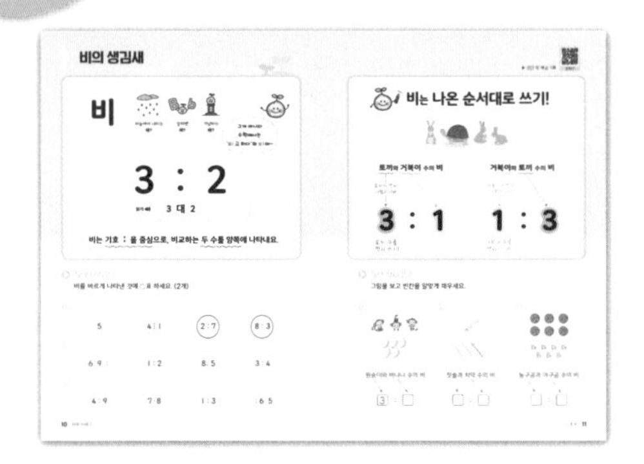

개념을 알기 쉽게 설명했어요.
동영상 강의도 보고,
개념을 익히는 문제도 풀어 보세요.

4 개념 마무리

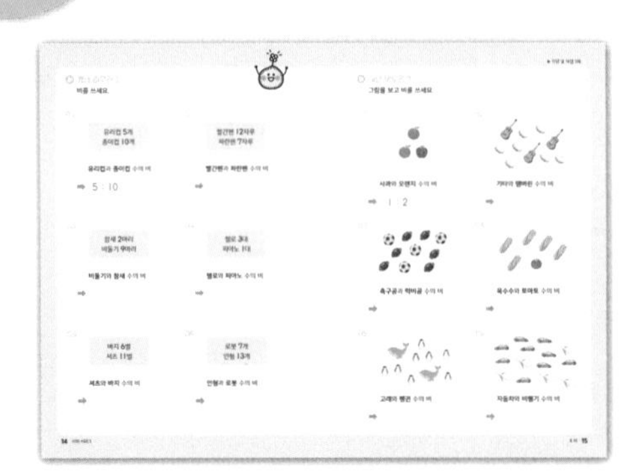

익히고, 다진 개념을 마무리하는 문제예요.
배운 개념을 마무리해 보세요.

5 단원 마무리

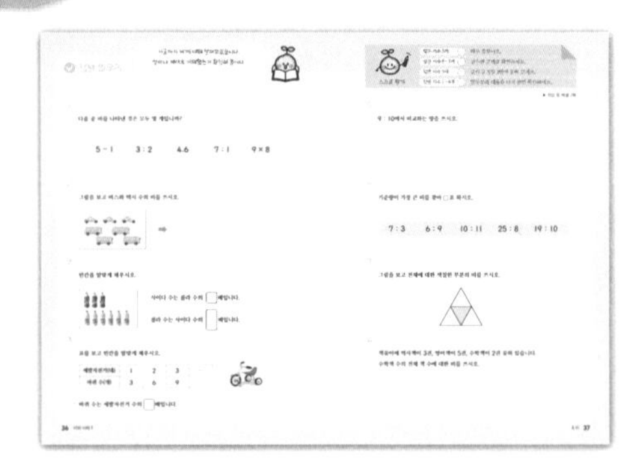

얼마나 잘 이해했는지 체크하는 문제입니다.
한 단원이 끝날 때 풀어 보세요.

3 개념 다지기

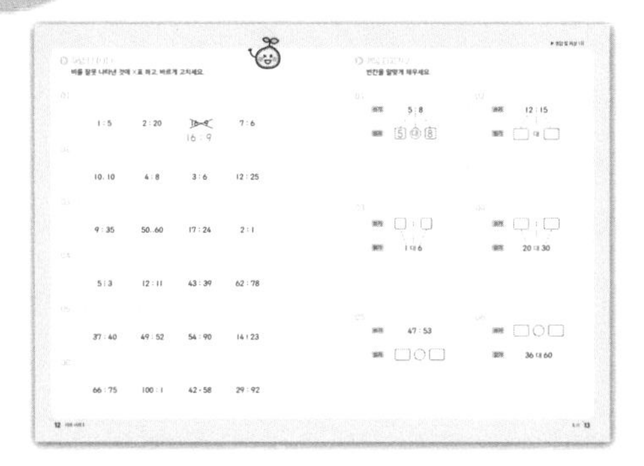

익힌 개념을 내 것으로 만들기 위해서는
문제를 풀어봐야 해요.
문제로 개념을 꼼꼼히 다져 보세요.

6 서술형으로 확인

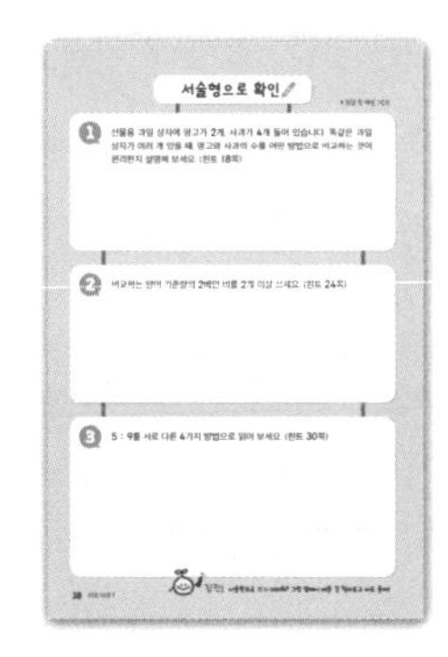

배운 개념을 서술형 문제로
확인해 보세요.

7 쉬어가기

배운 내용과 관련된 재미있는 이야기를
보면서 잠깐 쉬어가세요.

잠깐! 이 책을 보시는 어른들에게...

1. 비와 비례 1권은 비와 비율에 대한 책입니다.
비와 비율은 실생활과 밀접한 관련이 있지만 각각의 개념을 혼용하는 경우가 많기 때문에 용어와 의미부터 정확하게 이해할 필요가 있습니다. 흔히 다루는 백분율도 비율의 표현 방법 중 하나이므로 비→ 비율→ 백분율의 순서로 이해하는 것이 중요합니다. 이 책의 흐름을 따라가면 **비, 비율, 백분율을 연계된 개념으로 이해**할 수 있을 것입니다.

2. 수학은 단순히 계산만 하는 것이 아니라 논리적인 사고를 하는 활동입니다. 그렇기 때문에 무작정 외운 공식은 문제 상황이 바뀌었을 때에 적용하기가 어렵습니다. 이 책에서는 개념을 충분히 이해하고 그것을 단계적으로 확장시킬 수 있도록 하였습니다. 학습을 한 후, 아이가 직접 주변의 소재를 활용하여 비율을 구하고 그 결과에 기초하여 자신의 생각을 논리적으로 이야기할 수 있도록 지도해 주세요. 이를 통하여 수학적 의사소통 능력을 기를 수 있습니다.

비와 비율의 활용 문제는 타 교과에 등장하는 축척, 속력, 밀도, 농도의 학습뿐만 아니라, 이후 중등 과정에 나오는 함수, 기하, 통계 영역으로 연계됩니다. 그만큼 비와 비율의 개념을 확실하게 잡고, 학습한 내용이 어떻게 활용되는지 호기심을 가지며 점진적으로 시야를 넓혀가도록 지도해 주세요.

3. 이 책은 아이가 혼자서도 공부할 수 있도록 구성되어 있습니다. 그래서 문어체가 아닌 구어체를 주로 사용하고 있습니다. 먼저, 아이가 개념 부분을 공부할 때는 입 밖으로 소리 내서 읽을 수 있도록 지도해 주세요. 단순히 눈으로 보는 것에서 끝내지 않고, 설명하듯이 말하면, 내용을 효과적으로 이해하고 좀 더 오래 기억할 수 있을 것입니다.

약속해요

공부를 시작하기 전에
친구는 나랑 약속할 수 있나요?

1. 바르게 앉아서 공부합니다.
2. 꼼꼼히 읽고, 개념 설명은 소리 내어 읽습니다.
3. 바른 글씨로 또박또박 씁니다.
4. 책을 소중히 다룹니다.

약속했으면 아래에 서명을 하고, 지금부터 잘 따라오세요~

이름: ____________________

차례

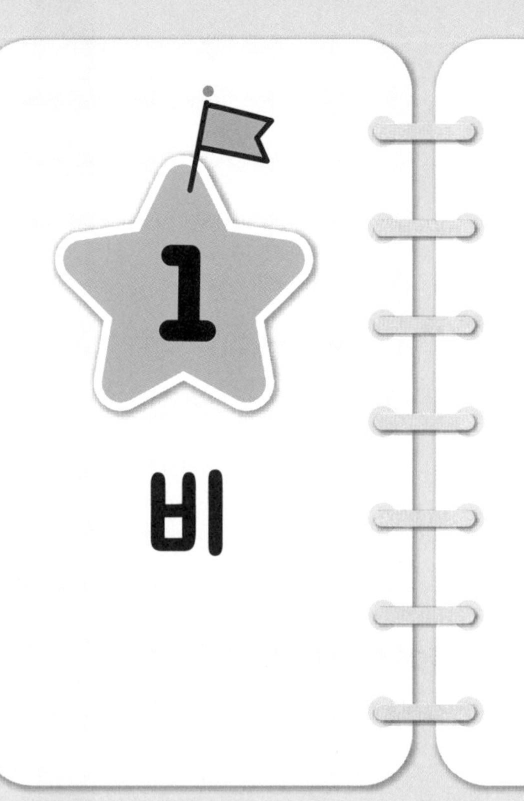

2

비율

3
백분율

1
비

우리는 많은 것을 비교하면서 살아요~

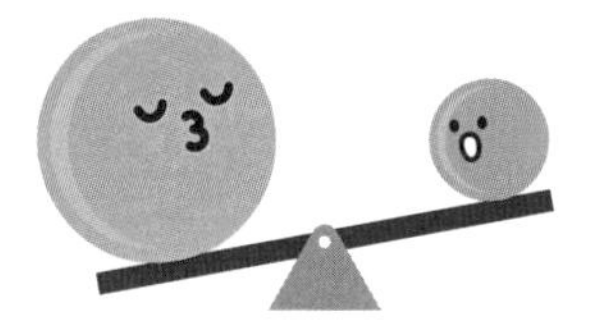

큰 것, 작은 것

많은 것, 적은 것

긴 것, 짧은 것

⋮

이때, **수**를 사용해서 나타내면

정확하게 비교할 수 있어요!

'몇 : 몇'

이렇게 비교할 때

두 수의 관계와 각각 의미하는 것이 무엇인지

지금부터 자세히 살펴볼게요!

1 비의 생김새

비
하늘에서 내리는 비?
알파벳 비?
기념하는 비?
그게 아니라 수학에서는 '비교하다'의 비야~
3 : 2
읽기 3 대 2

☆ 비는 기호 : 을 중심으로, 비교하는 두 수를 양쪽에 나타내요.

개념 익히기 1

비를 바르게 나타낸 것에 ○표 하세요. (2개)

01

5   4⋮1   (2 : 7)   (8 : 3)

02

6 9 :   1 : 2   8, 5   3 : 4

03

4 : 9   7·8   1 : 3   :6 5

▶ 정답 및 해설 1쪽

비는 나온 순서대로 쓰기!
토끼와 거북이 수의 비
토끼가 먼저 나왔으니까
3 : 1
토끼 수를 먼저 쓰기!
거북이와 토끼 수의 비
거북이가 먼저 나왔으니까
1 : 3
거북이 수를 먼저 쓰기!

개념 익히기 2

그림을 보고 빈칸을 알맞게 채우세요.

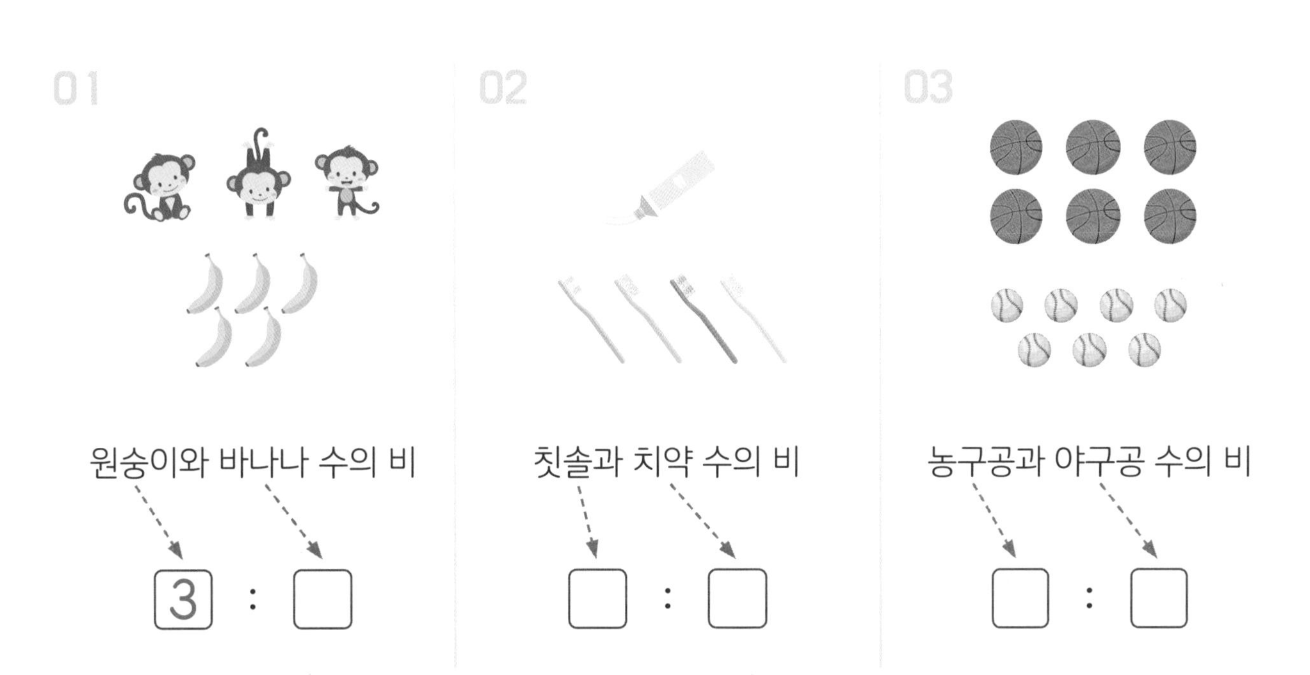

개념 다지기 1

비를 잘못 나타낸 것에 X표 하고, 바르게 고치세요.

01

1 : 5	2 : 20	~~16 • 9~~ 16 : 9	7 : 6

02

10, 10	4 : 8	3 : 6	12 : 25

03

9 : 35	50..60	17 : 24	2 : 1

04

5 : 3	12 : 11	43 : 39	62 : 78

05

37 : 40	49 : 52	54 : 90	14 ! 23

06

66 : 75	100 : 1	42 • 58	29 : 92

개념 다지기 2

빈칸을 알맞게 채우세요.

01

02

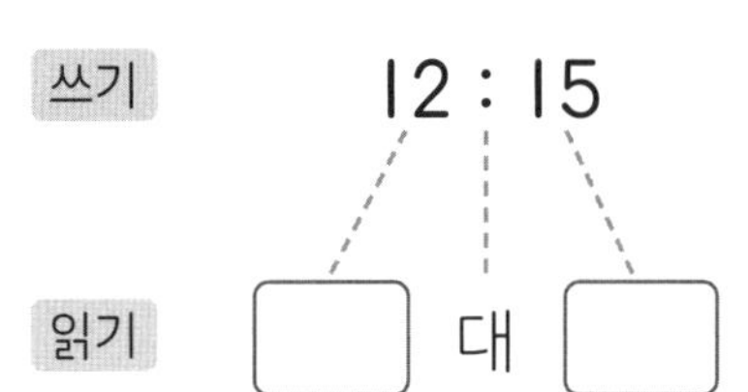

03

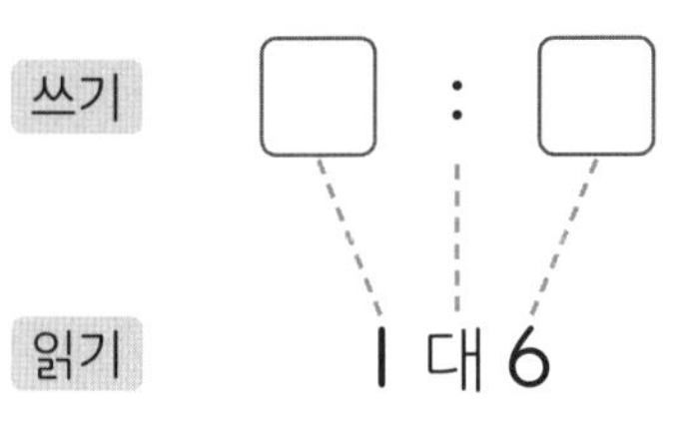

04

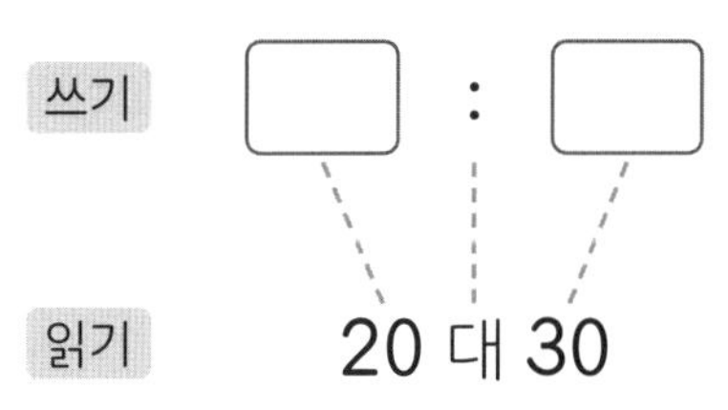

05

쓰기 47 : 53

읽기

06

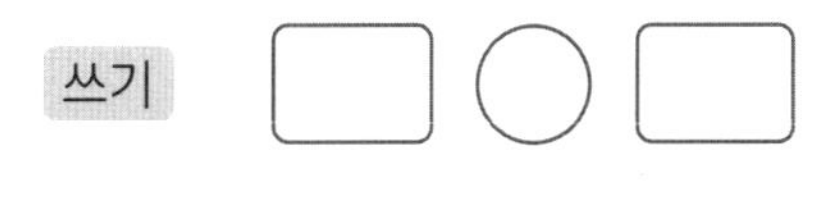

쓰기

읽기 36 대 60

개념 마무리 1

비를 쓰세요.

01

유리컵 5개
종이컵 10개

유리컵과 **종이컵** 수의 비

➡ 5 : 10

02

빨간펜 12자루
파란펜 7자루

빨간펜과 **파란펜** 수의 비

➡

03

참새 2마리
비둘기 9마리

비둘기와 **참새** 수의 비

➡

04

첼로 3대
피아노 1대

첼로와 **피아노** 수의 비

➡

05

바지 6벌
셔츠 11벌

셔츠와 **바지** 수의 비

➡

06

로봇 7개
인형 13개

인형과 **로봇** 수의 비

➡

▶ 정답 및 해설 2쪽

개념 마무리 2

그림을 보고 비를 쓰세요.

01

사과와 **오렌지** 수의 비

➡ 1 : 2

02

기타와 **탬버린** 수의 비

➡

03

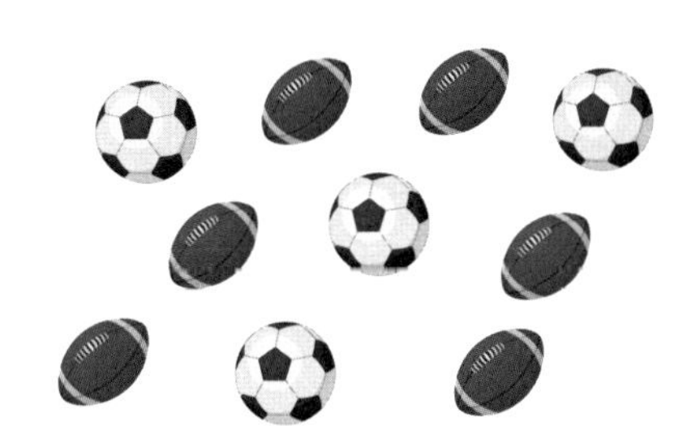

축구공과 **럭비공** 수의 비

➡

04

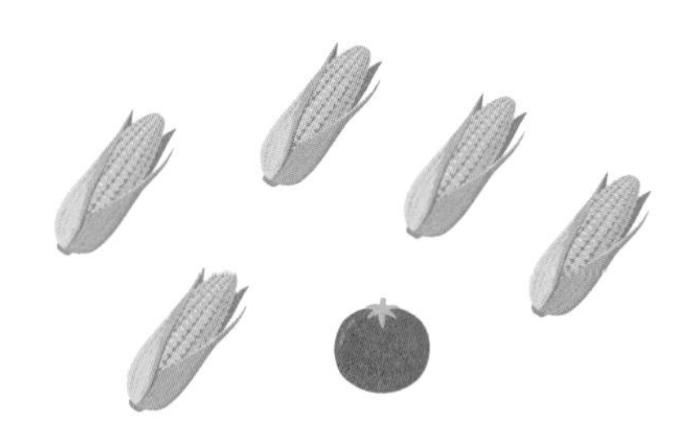

옥수수와 **토마토** 수의 비

➡

05

고래와 **펭귄** 수의 비

06

자동차와 **비행기** 수의 비

2 두 수를 비교하는 방법

내가 만든
딸바 주스야~
마셔 볼래?
와~ 맛있겠다!
근데 어떻게
만든 거야?

맛있다!
딸기 6개, 바나나 2개를
갈아서 만들었어~

나도 만들어 볼래~!
딸기가 바나나보다
얼마큼 많다구?
두 가지 방법으로
비교할 수 있어!

방법 ① 뺄셈으로 비교하기

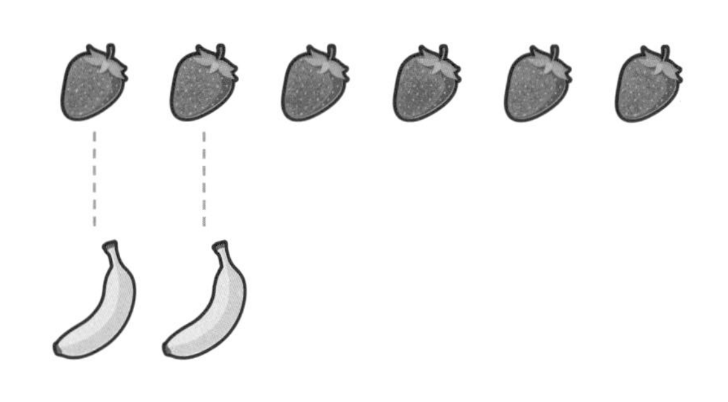

$$6 - 2 = 4$$

딸기가 바나나보다 4개 더 많아요.

바나나가 딸기보다 4개 더 적어요.

~개 더 많아요.
~개 더 적어요.
이건 뺄셈 비교!

▶ 개념 익히기 1

그림을 보고 빈칸을 알맞게 채우세요.

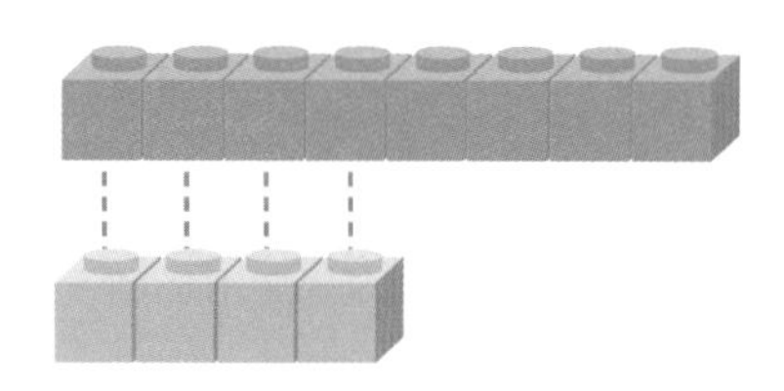

01

빨간 블록과 파란 블록 수를 뺄셈으로 비교하면, 8 − [4] = [ ]

02

빨간 블록은 파란 블록보다 [ ]개 더 많아요.

03

파란 블록은 빨간 블록보다 [ ]개 더 적어요.

▶ 정답 및 해설 2쪽

2402

방법 ② 나눗셈으로 비교하기

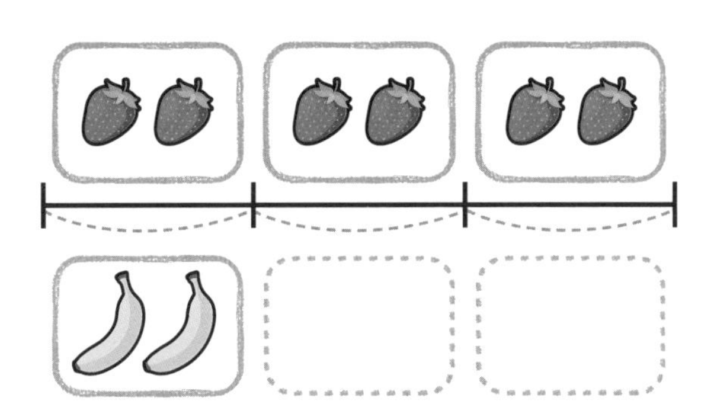

$6 \div 2 = 3$　　$2 \div 6 = \frac{1}{3}$

딸기 수는 바나나 수의 3배예요.

바나나 수는 딸기 수의 $\frac{1}{3}$배예요.

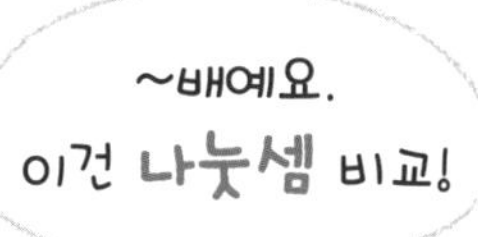

개념 익히기 2

그림을 보고 빈칸을 알맞게 채우세요.

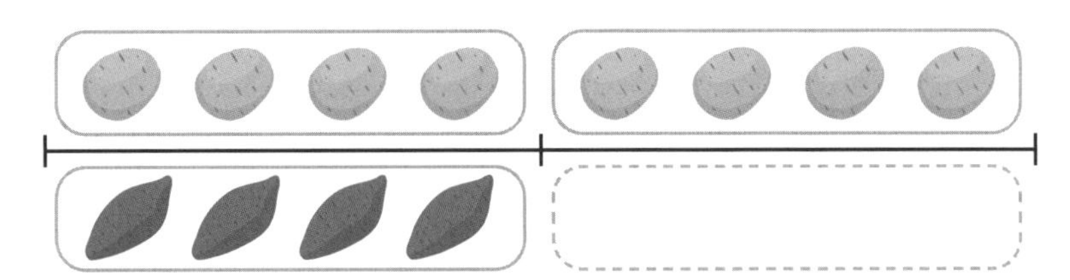

01

감자와 고구마 수를 나눗셈으로 비교하면, $8 \div 4 = 2$, $4 \div$ [8] = [　]

02

감자 수는 고구마 수의 [　]배예요.

03

고구마 수는 감자 수의 [　]배예요.

나눗셈 비교와 비

묶음이 늘어날 때도 비교 방법은 2가지!

1묶음　2묶음　3묶음　4묶음　…

	방법① 뺄셈으로 비교하기 (우유) − (주스)	방법② 나눗셈으로 비교하기 (우유) ÷ (주스)
묶음이 1개일 때	$3 - 1 = 2$	$3 \div 1 = 3$
묶음이 2개일 때	$6 - 2 = 4$	$6 \div 2 = 3$
묶음이 3개일 때	$9 - 3 = 6$	$9 \div 3 = 3$
묶음이 4개일 때	$12 - 4 = 8$	$12 \div 4 = 3$
⋮	⋮	⋮

비교 결과가 변해서 복잡해!

비교 결과가 안 변해서 간단해!

나눗셈으로 비교하면 편리하겠어~

개념 익히기 1

연필 4자루와 공책 2권이 한 묶음입니다. 빈칸을 알맞게 채우세요.

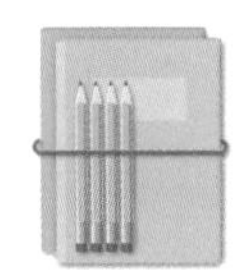
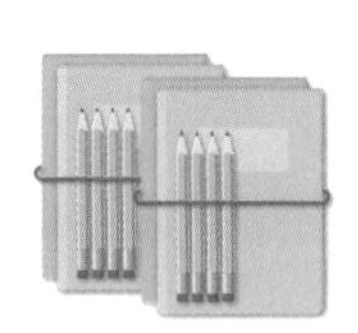
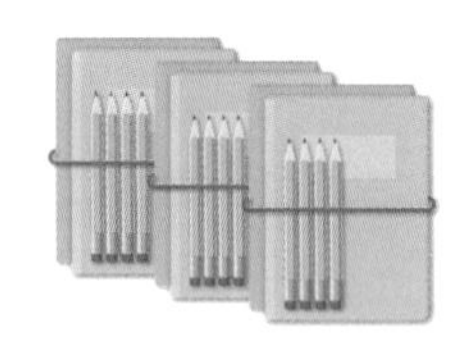
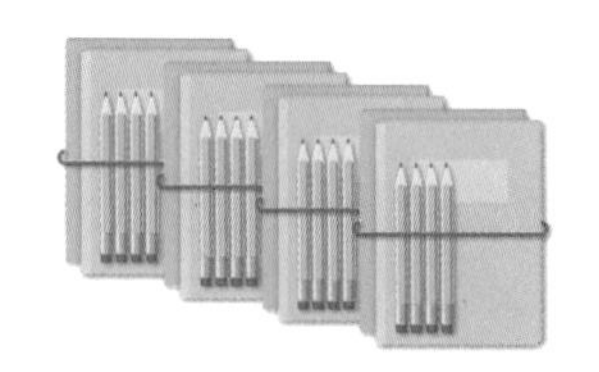
…

		뺄셈으로 비교하기 (연필) − (공책)	나눗셈으로 비교하기 (연필) ÷ (공책)
01	묶음이 1개일 때	$4 - 2 =$ [2]	$4 \div 2 =$ [ ]
02	묶음이 2개일 때	$8 - 4 =$ [ ]	$8 \div 4 =$ [ ]
03	묶음이 3개일 때	$12 - 6 =$ [ ]	$12 \div 6 =$ [ ]

▶ 정답 및 해설 3쪽

나눗셈으로 비교한 것이 비!

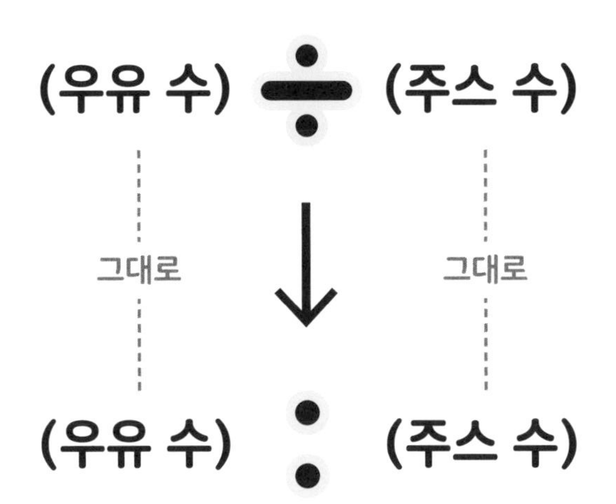

비

두 수를 나눗셈으로 비교하기 위해 기호 : 을 이용하여 나타낸 것

나눗셈 6 ÷ 2

6 : 2 비

개념 익히기 2

나눗셈식을 보고 비를 쓰세요.

01

5 ÷ 7

➡ 5 : 7

02

10 ÷ 2

➡

03

21 ÷ 3

➡

개념 다지기 1

그림을 보고 2가지 방법으로 비교할 때, 빈칸을 알맞게 채우세요.

01

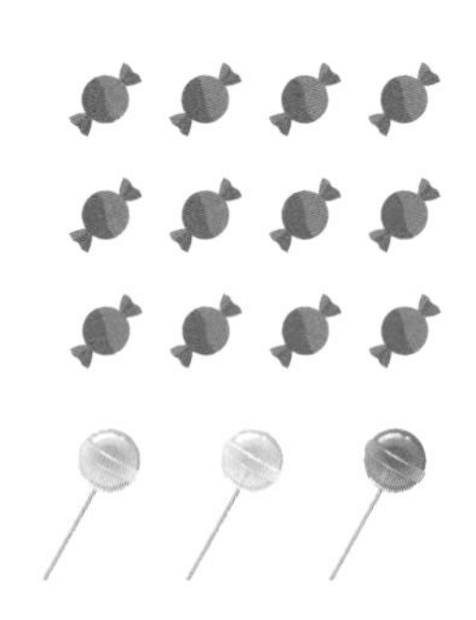

12 (−) 3 = [9]

➡ 알사탕은 막대사탕보다 9개 더 많아요.

12 (÷) 3 = [4]

➡ 알사탕 수는 막대사탕 수의 4배예요.

02

10 ◯ 2 = ☐

➡ 연필은 연필꽂이보다 8개 더 많아요.

10 ◯ 2 = ☐

➡ 연필 수는 연필꽂이 수의 5배예요.

03

☐ ◯ ☐ = ☐

➡ 야구공은 방망이보다 7개 더 많아요.

☐ ◯ ☐ = ☐

➡ 야구공 수는 방망이 수의 2배예요.

04

☐ ◯ ☐ = ☐

➡ 김밥은 유부초밥보다 8개 더 많아요.

☐ ◯ ☐ = ☐

➡ 김밥 수는 유부초밥 수의 3배예요.

개념 다지기 2

표를 완성하고, 괄호 안에서 알맞은 것에 ○표 하세요.

01

상자 수	1	2	3	4
초콜릿 수(개)	3	6	9	12
사탕 수(개)	5	10	15	20
(사탕 수) − (초콜릿 수)	2	4	6	8

➡ 뺄셈으로 비교하면 계산 결과가 (변해요 , 안 변해요).

02

모둠 수	1	2	3	4
학생 수(명)	4	8	12	16
손전등 수(개)	2	4	6	8
(학생 수) ÷ (손전등 수)				

➡ 나눗셈으로 비교하면 계산 결과가 (변해요 , 안 변해요).

03

과일바구니 수	1	2	3	4
망고 수(개)	4	8	12	16
복숭아 수(개)	1	2	3	4
(망고 수) − (복숭아 수)				

➡ 뺄셈으로 비교하면 계산 결과가 (변해요 , 안 변해요).

04

접시 수	1	2	3	4
꿀떡 수(개)	6	12	18	24
인절미 수(개)	2	4	6	8
(꿀떡 수) ÷ (인절미 수)				

➡ 나눗셈으로 비교하면 계산 결과가 (변해요 , 안 변해요).

표를 보고 나눗셈식을 완성한 후, 비를 쓰세요.

01

셔츠 수(벌)	1	2	3	4
단추 수(개)	4	8	12	16

(1) 셔츠가 1벌일 때, (단추 수) ÷ (셔츠 수) ➡ 4 ÷ [1]

➡ [ ] : [ ]

(2) 셔츠가 2벌일 때, (단추 수) ÷ (셔츠 수) ➡ 8 ÷ [ ]

➡ [ ] : [ ]

02

자전거 수(대)	1	2	3	4
바퀴 수(개)	2	4	6	8

(1) 자전거가 3대일 때, (바퀴 수) ÷ (자전거 수) ➡ [ ] ÷ [ ]

➡ [ ] : [ ]

(2) 자전거가 4대일 때, (바퀴 수) ÷ (자전거 수) ➡ [ ] ÷ [ ]

➡ [ ] : [ ]

개념 마무리 2

나눗셈식을 완성하고, 비를 쓰세요.

01

한 봉지에 당근이 12개,
오이가 6개 있어요.
당근 수는 오이 수의
2배예요.

나눗셈식 [12] (÷) [6] = 2

당근 수와 오이 수의 비

➡ ______________

02

사과주스가 9병,
포도주스가 3병 있어요.
사과주스 수는 포도주스
수의 3배예요.

나눗셈식 □ ○ □ = 3

사과주스 수와 포도주스 수의 비

➡ ______________

03

어항에 열대어가 10마리,
금붕어가 5마리 있어요.
금붕어 수는 열대어 수의
$\frac{1}{2}$배예요.

나눗셈식 □ ○ □ = $\frac{1}{2}$

금붕어 수와 열대어 수의 비

➡ ______________

04

화단에 해바라기가 4송이,
코스모스가 20송이 피었어요.
코스모스 수는 해바라기 수의
5배예요.

나눗셈식 □ ○ □ = 5

코스모스 수와 해바라기 수의 비

➡ ______________

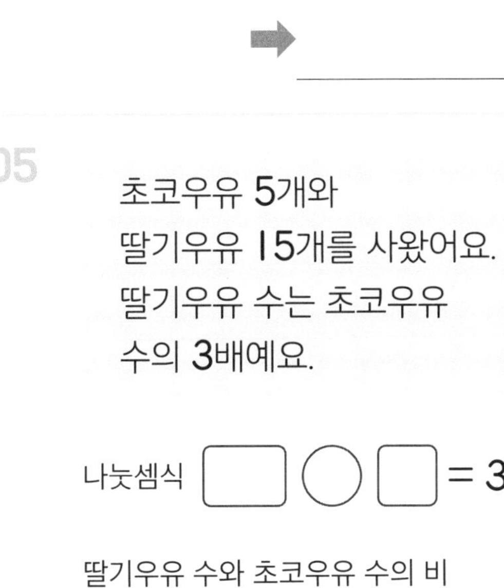

05

초코우유 5개와
딸기우유 15개를 사왔어요.
딸기우유 수는 초코우유
수의 3배예요.

나눗셈식 □ ○ □ = 3

딸기우유 수와 초코우유 수의 비

➡ ______________

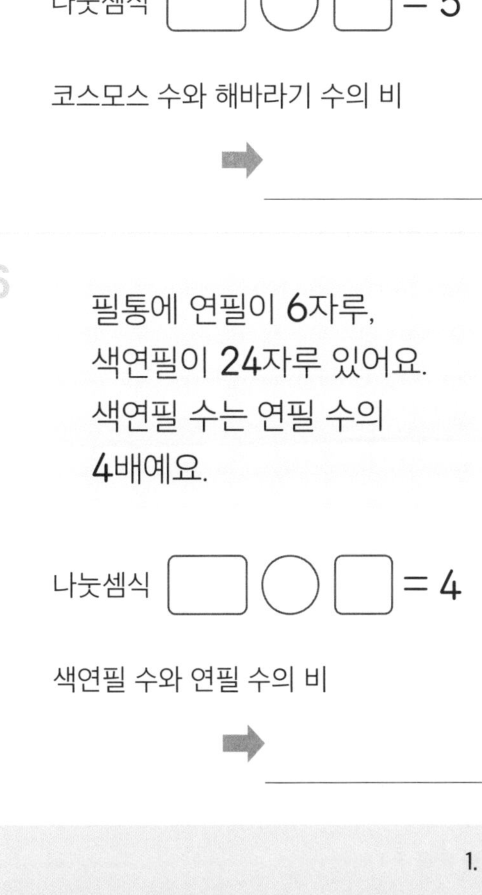

06

필통에 연필이 6자루,
색연필이 24자루 있어요.
색연필 수는 연필 수의
4배예요.

나눗셈식 □ ○ □ = 4

색연필 수와 연필 수의 비

➡ ______________

비교하는 양과 기준량

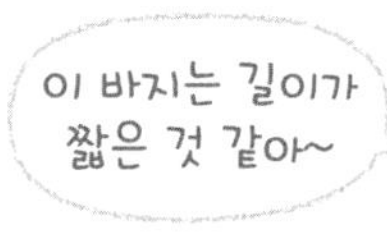
이 바지는 길이가
짧은 것 같아~

응? 이것보다
긴 것 같은데~
여기에 대볼래?

분홍 바지의 길이를 비교할 때, 파란 바지에 대보면 파란 바지가 기준!

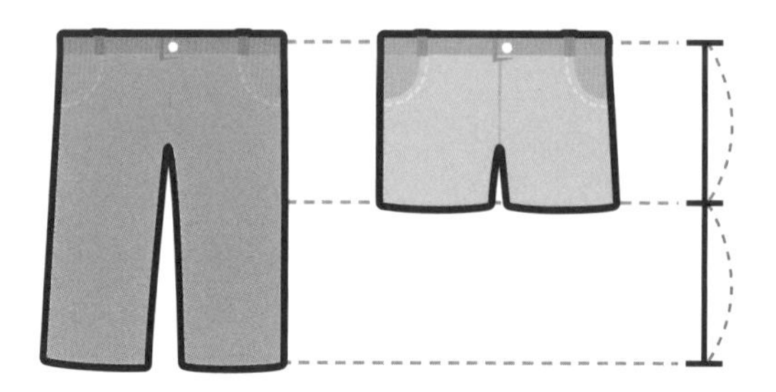

비교하는 양 기호 :의 왼쪽 **2 : 1** **기준량** 기호 :의 오른쪽

➡ 분홍 바지의 길이는 파란 바지 길이의 **2배**입니다.

개념 익히기 1

비를 보고 비교하는 양에 △표 하세요.

01

6 : 5

02

3 : 1

03

4 : 9

▶ 정답 및 해설 4쪽

2404

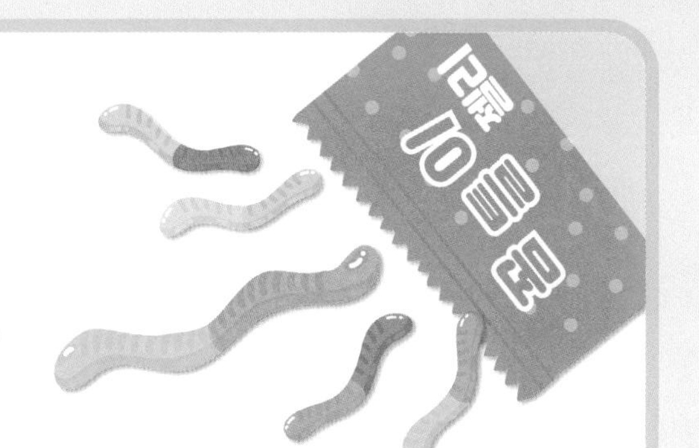

꼼틀이 젤리 **한 봉지**에는

왕 젤리가 1개, **꼬마 젤리**가 4개 들어 있어요.

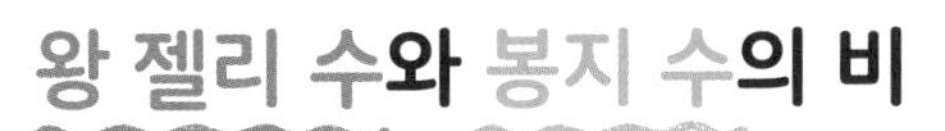

왕 젤리 수와 봉지 수의 비

비교하는 양 / 기준량

1 : 1

왕 젤리 수는 봉지 수와 같아요.

왕 젤리 수와 꼬마 젤리 수의 비

비교하는 양 / 기준량

1 : 4

왕 젤리 수는 꼬마 젤리 수의 $\frac{1}{4}$배예요.

같은 것도 무엇과 비교하느냐에 따라 비가 달라져~

개념 익히기 2

비를 보고 기준량에 □표 하세요.

01

1 : [4]

02

3 : 2

03

7 : 5

개념 다지기 1

알맞게 연결하세요.

01

비교하는 양

기준량

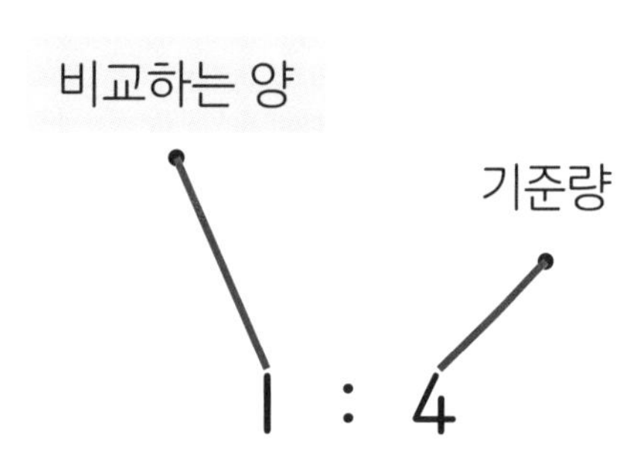

1 : 4

02

기준량

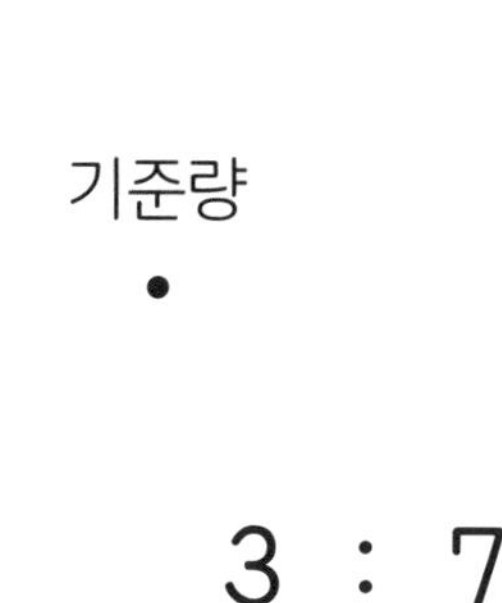

3 : 7

비교하는 양

03

비교하는 양

기준량

5 : 10

04

8 : 12

기준량

비교하는 양

05

비교하는 양

9 : 16

기준량

06

기준량

21 : 19

비교하는 양

▶ 정답 및 해설 5쪽

개념 다지기 2

빈칸을 알맞게 채우세요.

01

비교하는 양이 2, 기준량이 5인 비 ➡ [2] : [5]

02

비교하는 양이 4, 기준량이 [ ]인 비 ➡ [ ] : 7

03

비교하는 양이 [ ], 기준량이 11인 비 ➡ 9 : [ ]

04

기준량이 3, 비교하는 양이 8인 비 ➡ [ ] : [ ]

05

기준량이 15, 비교하는 양이 [ ]인 비 ➡ 13 : [ ]

06

기준량이 [ ], 비교하는 양이 17인 비 ➡ [ ] : 22

개념 마무리 1

물음에 답하세요.

01

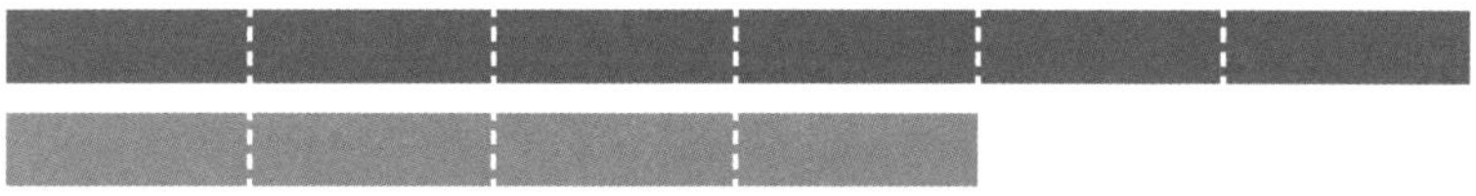

보라색 띠와 분홍색 띠의 길이의 비 → 6 : 4

기준량 → 4

02

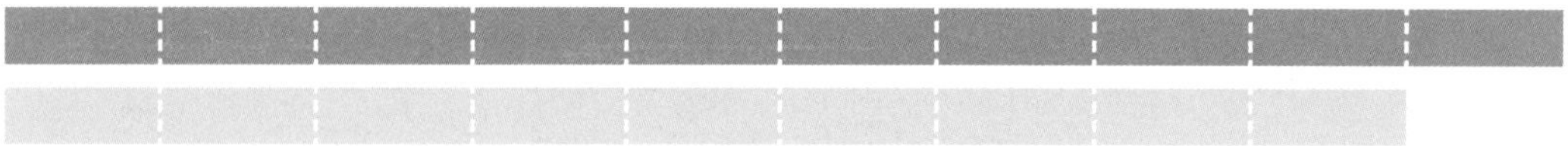

연두색 띠와 주황색 띠의 길이의 비 → ________

기준량 → ________

03

분홍색 띠와 보라색 띠의 길이의 비 → ________

기준량 → ________

04

주황색 띠와 연두색 띠의 길이의 비 → ________

비교하는 양 → ________

05

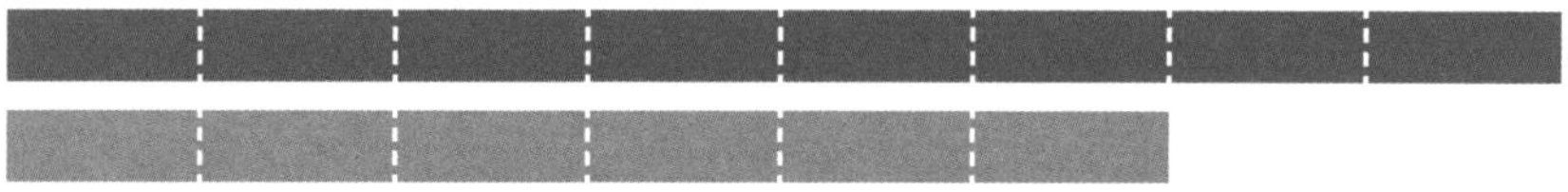

분홍색 띠와 보라색 띠의 길이의 비 → ________

비교하는 양 → ________

▶ 정답 및 해설 5쪽

개념 마무리 2

그림을 보고 상황에 알맞은 비를 쓰세요.

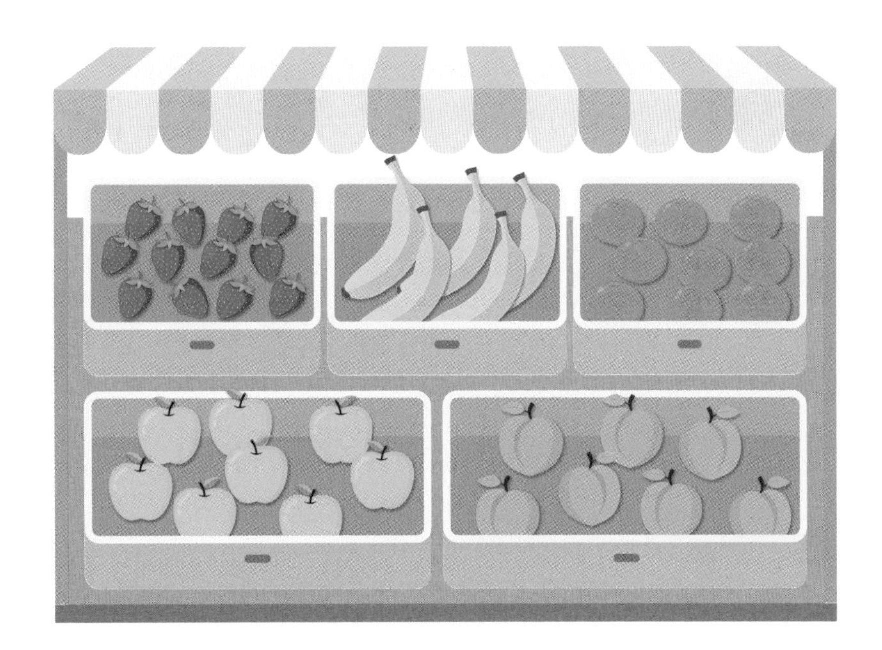

01

사과 수를 기준으로 바나나 수를 비교할 때 → 5 : 8

02

복숭아 수를 기준으로 딸기 수를 비교할 때 → ______

03

사과 수를 귤 수 기준으로 비교할 때 → ______

04

복숭아 수를 바나나 수 기준으로 비교할 때 → ______

05

딸기 수를 기준으로 귤 수를 비교할 때 → ______

5 비를 읽는 여러 가지 방법

이름은 하나인데~ 별명은 여러 개~♬

비를 읽는 방법도 여러 개~♬

비를 읽는 다른 방법

2 : 3

2 대 3

- 2와 3의 비
- 2의 3에 대한 비
- 3에 대한 2의 비

'에 대한' 앞의 수가 기준량이야~

개념 익히기 1

비를 읽는 여러 가지 방법입니다. 빈칸을 알맞게 채우세요.

01

4 : 9

4와 [9]의 비

4의 [9]에 대한 비

[ ]에 대한 4의 비

02

8 : 7

8과 [ ]의 비

8의 [ ]에 대한 비

[ ]에 대한 8의 비

03

5 : 6

5와 [ ]의 비

5의 [ ]에 대한 비

[ ]에 대한 5의 비

▶ 정답 및 해설 6쪽 2405

한 상자에 마카롱이
초코맛 2개, 딸기맛 6개
전체는 8개!

초코맛과 딸기맛의 비
2 : 6

초코맛의 전체에 대한 비

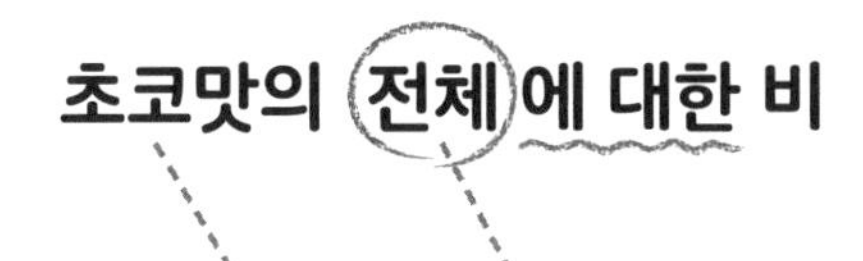

2 : 8

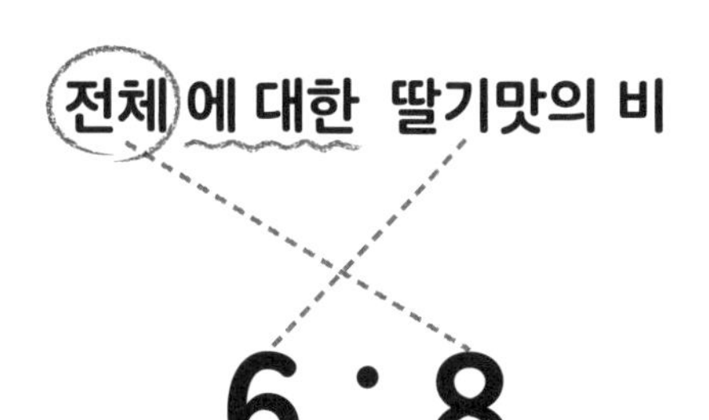

기준량을 쉽게 알아내는 방법!
➡ '에 대한'에 밑줄을 긋고, 바로 앞에 ○표 하기

개념 익히기 2

'에 대한'에 밑줄을 긋고, 기준량에 ○표 하세요.

01

③에 대한 1의 비

02

5의 7에 대한 비

03

10에 대한 20의 비

개념 다지기 1

기준량에 ○표 하고, 비를 쓰세요.

01

(9)에 대한 20의 비

➡ 20 : 9

02

11의 5에 대한 비

➡ ☐ : ☐

03

13에 대한 4의 비

➡ ☐ : ☐

04

30에 대한 19의 비

➡ ☐ : ☐

05

17의 8에 대한 비

➡ ☐ : ☐

06

25에 대한 6의 비

➡ ☐ : ☐

개념 다지기 2

빈칸을 알맞게 채우세요.

01

9 : 7

[9]의 [7]에 대한 비

[ ]에 대한 [ ]의 비

02

2 : 8

[ ]와 [ ]의 비

[ ]의 [ ]에 대한 비

03

1 : 10

[ ]의 [ ]에 대한 비

[ ]과 [ ]의 비

04

5 : 12

[ ] 대 [ ]

[ ]에 대한 [ ]의 비

05

4 : 17

[ ]에 대한 [ ]의 비

[ ]의 [ ]에 대한 비

06

23 : 13

[ ]의 [ ]에 대한 비

[ ]과 [ ]의 비

개념 마무리 1

비를 바르게 읽은 것에 ○표 하세요.

01

5 : 7

5에 대한 7의 비

5 대 7

02

1 : 9

9와 1의 비

1의 9에 대한 비

03

4 : 12

4의 12에 대한 비

12와 4의 비

04

6 : 3

6 대 3

6에 대한 3의 비

05

10 : 8

8 대 10

10의 8에 대한 비

06

2 : 15

15에 대한 2의 비

15와 2의 비

07

13 : 26

13과 26의 비

13에 대한 26의 비

08

29 : 30

30의 29에 대한 비

30에 대한 29의 비

▶ 정답 및 해설 7쪽

개념 마무리 2

물음에 답하세요.

01

밀가루 3컵에 물 1컵을 넣어 반죽을 하려고 합니다.
밀가루 양과 물 양의 비를 쓰세요.

3 : 1

02

화단에 국화 4송이와 튤립 15송이를 심었습니다.
튤립 수에 대한 국화 수의 비를 쓰세요.

03

과학책의 가로는 21 cm이고 세로는 30 cm입니다.
과학책의 가로와 세로의 비를 쓰세요.

04

노란 색연필 5자루와 파란 색연필 8자루가 필통에 있습니다.
전체 색연필 수에 대한 노란 색연필 수의 비를 쓰세요.

05

버스의 좌석은 모두 20석인데 승객 13명이 앉아 있습니다.
버스의 전체 좌석 수에 대한 남은 좌석 수의 비를 쓰세요.

06

수학 문제 25개 중에서 20개를 맞혔습니다.
틀린 문제 수의 전체 문제 수에 대한 비를 쓰세요.

지금까지 '비'에 대해 살펴보았습니다.
얼마나 제대로 이해했는지 확인해 봅시다.

1

다음 중 비를 나타낸 것은 모두 몇 개입니까?

5 − 1　　3 : 2　　4.6　　7 : 1　　9 × 8

2

그림을 보고 버스와 택시 수의 비를 쓰시오.

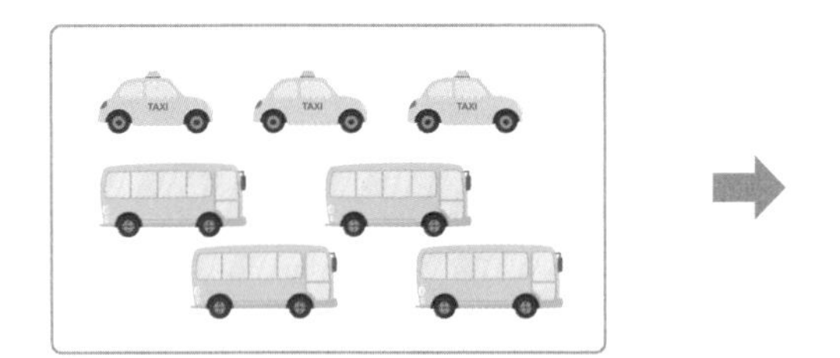

3

그림을 보고 빈칸을 알맞게 채우시오.

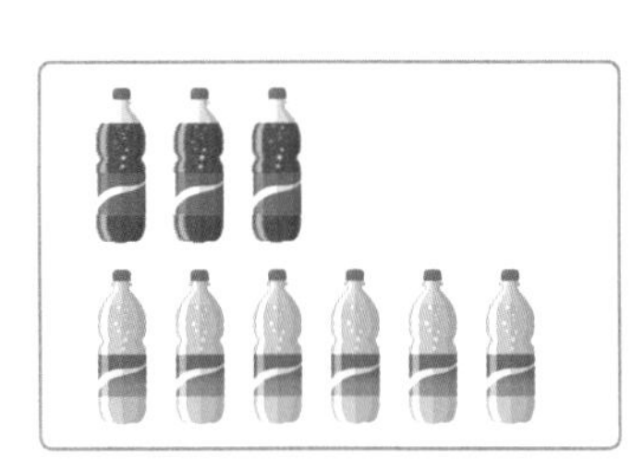

사이다 수는 콜라 수의 □배입니다.

콜라 수는 사이다 수의 □배입니다.

4

표를 보고 빈칸을 알맞게 채우시오.

세발자전거(대)	1	2	3	⋯
바퀴 수(개)	3	6	9	⋯

바퀴 수는 세발자전거 수의 □배입니다.

스스로 평가		
맞은 개수 8개	◯	매우 잘했어요.
맞은 개수 6~7개	◯	실수한 문제를 확인하세요.
맞은 개수 5개	◯	틀린 문제를 2번씩 풀어 보세요.
맞은 개수 1~4개	◯	앞부분의 내용을 다시 한번 확인하세요.

▶ 정답 및 해설 7쪽

5

9 : 10에서 비교하는 양을 쓰시오.

6

기준량이 가장 큰 비를 찾아 ◯표 하시오.

7 : 3　　6 : 9　　10 : 11　　25 : 8　　19 : 10

7

그림을 보고 전체에 대한 색칠한 부분의 비를 쓰시오.

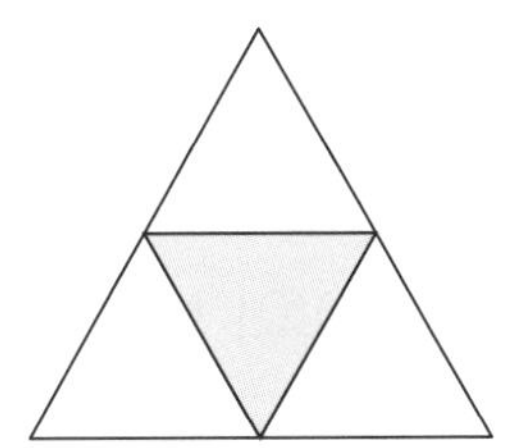

8

책꽂이에 역사책이 3권, 영어책이 5권, 수학책이 2권 꽂혀 있습니다.
수학책 수의 전체 책 수에 대한 비를 쓰시오.

서술형으로 확인

▶ 정답 및 해설 36쪽

1 선물용 과일 상자에 망고가 2개, 사과가 4개 들어 있습니다. 똑같은 과일 상자가 여러 개 있을 때, 망고와 사과의 수를 어떤 방법으로 비교하는 것이 편리한지 설명해 보세요. (힌트 18쪽)

2 비교하는 양이 기준량의 2배인 비를 2개 이상 쓰세요. (힌트 24쪽)

3 5 : 9를 서로 다른 4가지 방법으로 읽어 보세요. (힌트 30쪽)

잠깐! 서술형으로 쓰기 어려워? 그럼 앞에서 배운 걸 찾아보고 써도 좋아!

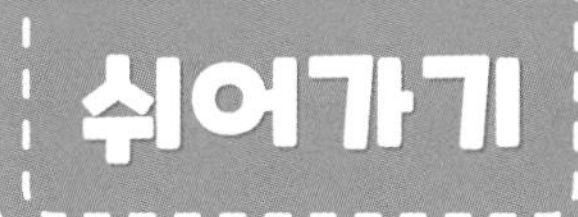

쉬어가기

거북이 소풍

랄랄라~~ 소풍은 언제나 즐거워~
그래서 우리 걸음이 더 빨라졌나 봐~ 어제 출발했는데 벌써 10 m나 왔어!

그럼, 여기서 밥 먹을까?
좋아! 도시락 꺼낼게~

앗! 이런… 물을 안 가져왔어. 내가 가서 물 사올게!
응…

소시지 1줄, 김밥 2줄 다 봤으니까~ 절대 먼저 먹지 말고 기다려!
알았어~ 빨리 다녀오기나 해~

일주일 후
어우, 얘가 좀 늦네…
꼬르륵~

도저히 못 참겠어… 그냥 먹어야겠다~
1 : 2
슬쩍
김밥 한 줄만…

잠깐!!!!! 내가 이럴 줄 알았어~!
부스럭 부스럭
앗! 깜짝이야!!
헉!

너 진짜 이러면, 나 물 사러 안 간다!!
불쑥
그럴 줄 알고 숨어 있었지!
헉! 여태 안 간 거야?

비율

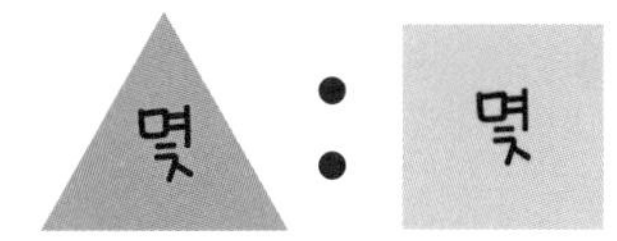

앞에서는 두 수를 이렇게 비교했지요.

이번 단원에서는

기호 ' : '을 사용하지 않고

두 수를 → **하나의 수** 로 만들 거예요!

간단하게 바뀐 모습으로

더욱 많은 것을 비교할 수 있거든요.

어떻게 만드는지 궁금하다면

한 장을 넘겨 보세요~

1 비와 비율

형이 칠한 넓이에 대한 동생이 칠한 넓이의 **비** 1 : 2

↓

형이 칠한 넓이에 대한 동생이 칠한 넓이의 **크기** $1 \div 2 = \frac{1}{2}$

비를 **하나의 수**로 나타낸 것이 **비율**

개념 익히기 1

비를 보고 비율로 알맞게 나타낸 것에 ○표 하세요.

01

비 2 : 5 → $2 \div 5$ → 비율 $\frac{2}{5}$ (○) $\frac{5}{2}$

02

비 6 : 11 → $6 \div 11$ → 비율 $\frac{11}{6}$ $\frac{6}{11}$

03

비 3 : 8 → $3 \div 8$ → 비율 $\frac{3}{8}$ $\frac{8}{3}$

▶ 정답 및 해설 8쪽

비의 두 수를 분수 모양으로!

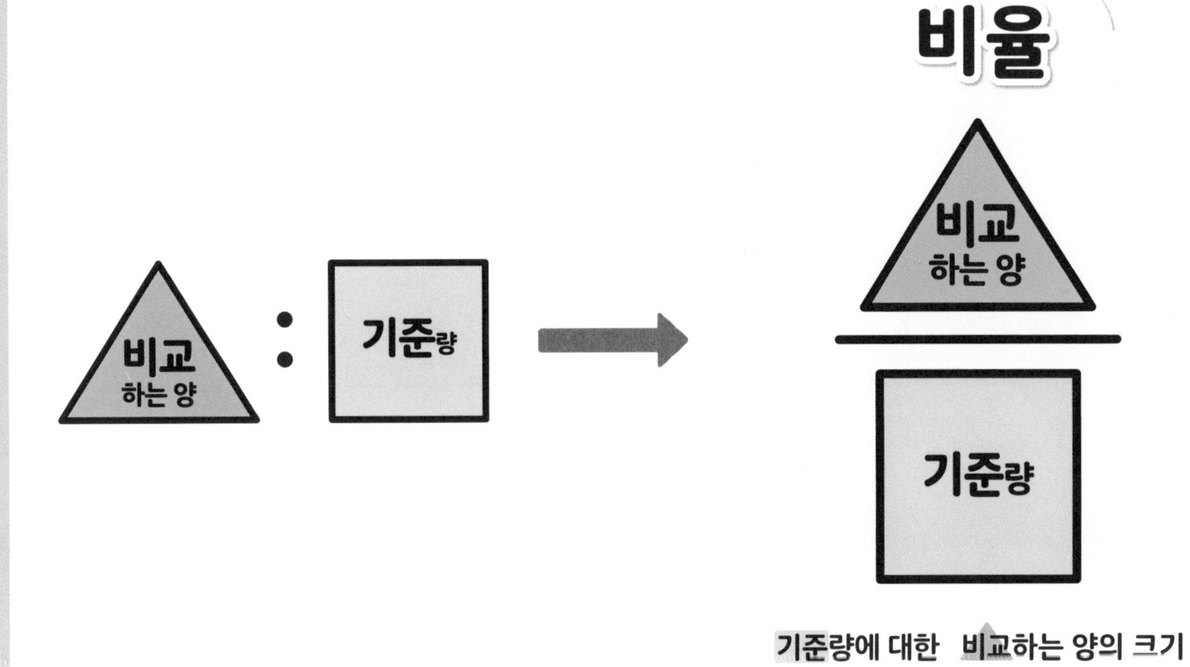

개념 익히기 2

비와 비율에서 기준량끼리, 비교하는 양끼리 선으로 이으세요.

01

$3 : 7$ $\frac{3}{7}$

02

$4 : 6$ $\frac{4}{6}$

03

$8 : 9$ $\frac{8}{9}$

개념 다지기 1

비를 비율로 나타내는 과정입니다. 빈칸을 알맞게 채우세요.

01

$$3 : 4 \Rightarrow 3 \div 4 = \frac{\boxed{3}}{4}$$

02

$$1 : 5 \Rightarrow 1 \div 5 = \frac{\square}{5}$$

03

$$12 : 7 \Rightarrow 12 \div 7 = \frac{\square}{\square}$$

04

$$2 : 9 \Rightarrow \square \div 9 = \frac{\square}{\square}$$

05

$$6 : 13 \Rightarrow 6 \div \square = \frac{\square}{\square}$$

06

$$20 : 11 \Rightarrow \square \div \square = \frac{\square}{\square}$$

▶ 정답 및 해설 8쪽

개념 다지기 2

비율은 비로, 비는 비율로 나타내세요.

01

$\frac{2}{3}$ ➡ 2 : 3

02

$\frac{7}{5}$ ➡

03

9 : 8 ➡

04

6 : 17 ➡

05

$\frac{1}{10}$ ➡

06

2 : 13 ➡

개념 마무리 1

물음에 답하세요.

01

그림과 같이 창가에 꽃이 있습니다.

(1) 튤립 수에 대한 해바라기 수의 비 ➡ 1 : 4

(2) 튤립 수에 대한 해바라기 수의 비율 ➡

(3) 전체 꽃의 수에 대한 해바라기 수의 비율 ➡

02

크기가 같은 텃밭에 상추, 감자, 토마토 씨앗을 심었습니다.

(1) 전체 텃밭 수에 대한 상추밭 수의 비 

(2) 전체 텃밭 수에 대한 상추밭 수의 비율 

(3) 토마토밭 수에 대한 상추밭 수의 비율 ➡

개념 마무리 2

물음에 답하세요.

01

검은 돌 23개, 흰 돌 30개가 바둑판에 놓여 있습니다.
검은 돌 수에 대한 흰 돌 수의 비율을 나타내세요.

$\frac{30}{23}$

02

남매가 멀리뛰기를 하는데, 누나는 141 cm, 동생은 136 cm를 뛰었습니다.
동생이 뛴 거리에 대한 누나가 뛴 거리의 비율을 나타내세요.

03

옷장에 옷 26벌이 있습니다. 그중에서 티셔츠가 17벌일 때,
옷장에 있는 전체 옷의 수에 대한 티셔츠 수의 비율을 나타내세요.

04

견과류 한 봉지에 아몬드가 9개, 호두가 5개 들어 있습니다.
호두 수에 대한 아몬드 수의 비율을 나타내세요.

05

자전거 대여소에 두발자전거 15대와 세발자전거 4대가 있습니다.
대여소에 있는 전체 자전거 수에 대한 두발자전거 수의 비율을 나타내세요.

06

책꽂이에 역사책이 8권, 과학책이 10권, 수학책이 11권 있습니다.
책꽂이에 있는 전체 책의 수에 대한 수학책 수의 비율을 나타내세요.

2 비율의 표현

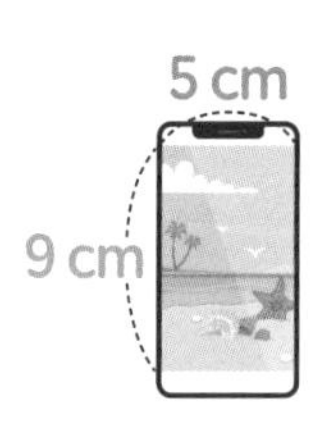

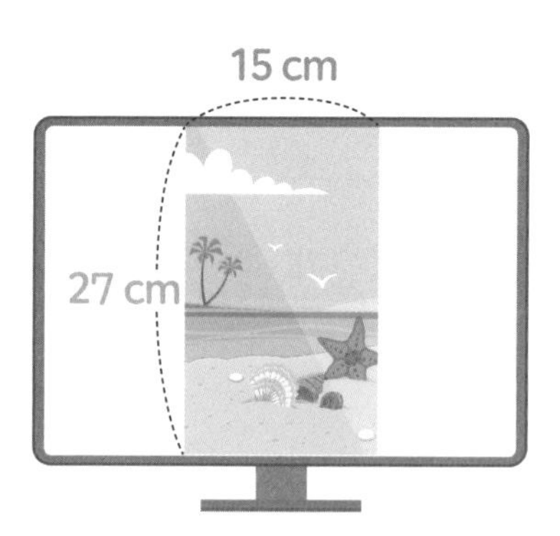

휴대폰에서의 사진

세로에 대한 가로의 **비율**

5 : 9 ➡ $\frac{5}{9}$

컴퓨터에서의 사진

세로에 대한 가로의 **비율**

15 : 27 ➡ $\frac{15}{27} = \frac{5}{9}$

비가 달라도, 비율은 같을 수 있어!

개념 익히기 1

주어진 비를 비율로 나타낼 때, 기약분수로 쓰세요.

01

20 : 30 ➡ $\frac{20}{30} = \frac{2}{3}$

02

15 : 45 ➡ $\frac{15}{45} =$

03

36 : 81 ➡ $\frac{36}{81} =$

▶ 정답 및 해설 9쪽

약분을 할 수 있어!	소수로 나타낼 수 있어!
예 $4:6 \Rightarrow \frac{\cancel{4}^{2}}{\cancel{6}_{3}} = \mathbf{\frac{2}{3}}$	예 $\frac{7}{5} = \frac{7 \times 2}{5 \times 2} = \frac{14}{10} = \mathbf{1.4}$
$6:9 \Rightarrow \frac{\cancel{6}^{2}}{\cancel{9}_{3}} = \mathbf{\frac{2}{3}}$	$\frac{3}{4} = \frac{3 \times 25}{4 \times 25} = \frac{75}{100} = \mathbf{0.75}$
$8:12 \Rightarrow \frac{\cancel{8}^{2}}{\cancel{12}_{3}} = \mathbf{\frac{2}{3}}$	$\frac{5}{8} = \frac{5 \times 125}{8 \times 125} = \frac{625}{1000} = \mathbf{0.625}$
그래서, 비가 달라도 **비율은 같을 수 있는 거야~**	**분모가 10, 100, 1000, ⋯ 이면** 소수로 쉽게 바꿀 수 있어!

개념 익히기 2

비율을 소수로 나타내는 과정입니다. 빈칸을 알맞게 채우세요.

01

$\frac{3}{5} = \frac{\boxed{6}}{10} = \boxed{0.6}$

02

$\frac{11}{20} = \frac{\boxed{}}{100} = \boxed{}$

03

$\frac{1}{8} = \frac{\boxed{}}{1000} = \boxed{}$

개념 다지기 1

전체에 대한 색칠한 부분의 비율을 분수로 나타내고, 괄호 안에서 알맞은 것에 ○표 하세요.

01

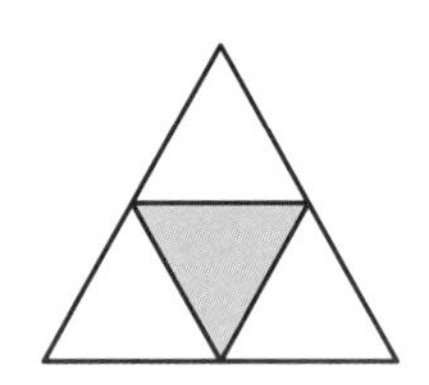 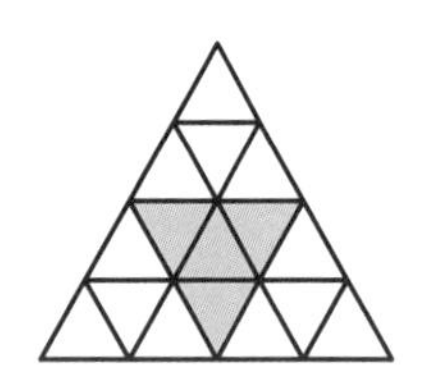

$\frac{1}{4}$ 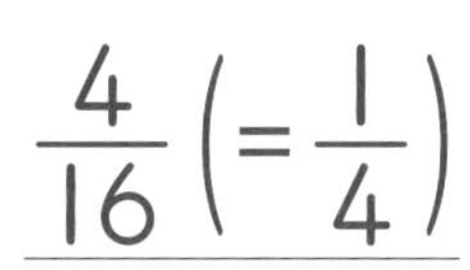

➡ 비율이 (같아요 , 달라요).

02

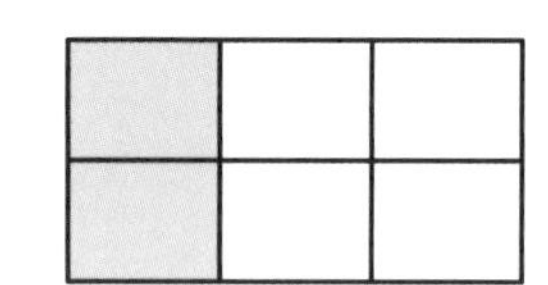 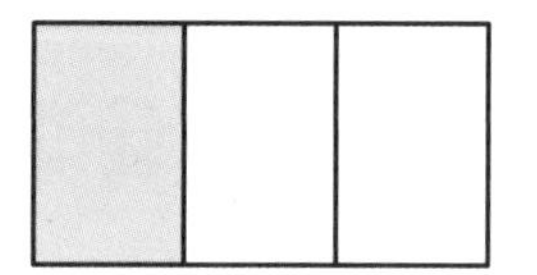

➡ 비율이 (같아요 , 달라요).

03

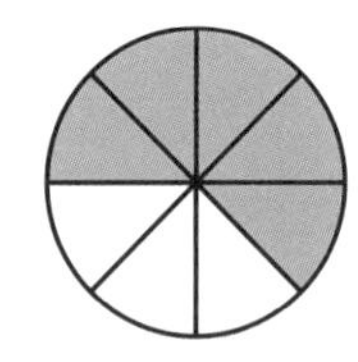 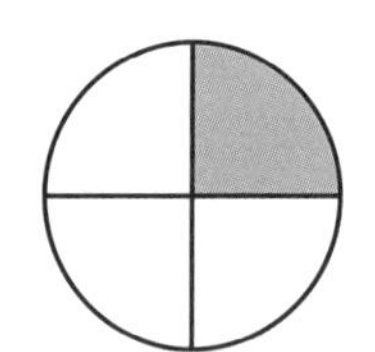

➡ 비율이 (같아요 , 달라요).

04

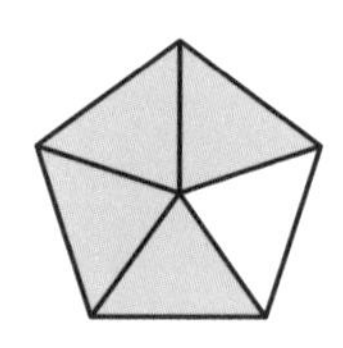 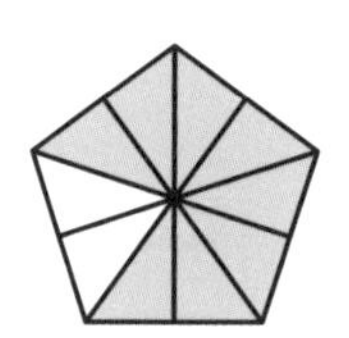

➡ 비율이 (같아요 , 달라요).

05

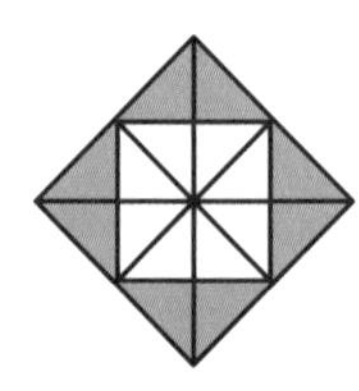 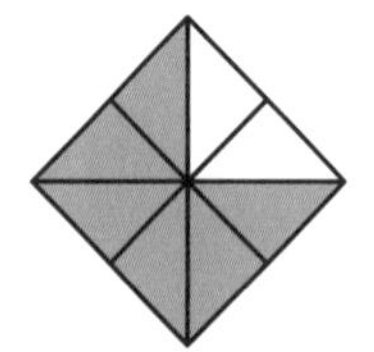

➡ 비율이 (같아요 , 달라요).

06

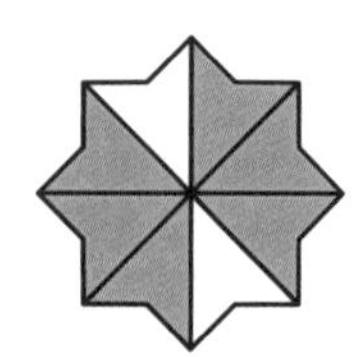 

➡ 비율이 (같아요 , 달라요).

개념 다지기 2

주어진 비의 비율을 소수로 나타내세요.

01

$9:20 \Rightarrow \frac{9}{20} = \frac{9 \times \boxed{5}}{20 \times \boxed{5}} = \frac{\boxed{45}}{100} = \boxed{0.45}$

02

$1:4 \Rightarrow \frac{1}{4} = \frac{1 \times \square}{4 \times \square} = \frac{\square}{100} = \square$

03

$2:5 \Rightarrow \frac{2}{5} = \frac{\square \times \square}{5 \times \square} = \frac{\square}{10} = \square$

04

$3:8 \Rightarrow \frac{3}{8} = \frac{\square \times \square}{8 \times \square} = \frac{\square}{\square} = \square$

05

$6:25 \Rightarrow$

06

$17:20 \Rightarrow$

개념 마무리 1

세로에 대한 가로의 비율이 다른 하나를 찾아 ×표 하세요.

01

가로 8, 세로 6 ( )　　가로 12, 세로 9 ( )　　가로 6, 세로 8 (×)

02

가로 18, 세로 24 ( )　　가로 5, 세로 7 ( )　　가로 15, 세로 21 ( )

03

가로 6, 세로 9 ( )　　가로 12, 세로 20 ( )　　가로 8, 세로 12 ( )

04

가로 20, 세로 16 ( )　　가로 14, 세로 10 ( )　　가로 5, 세로 4 ( )

개념 마무리 2

비율이 같은 것끼리 ○로 묶으세요.

01

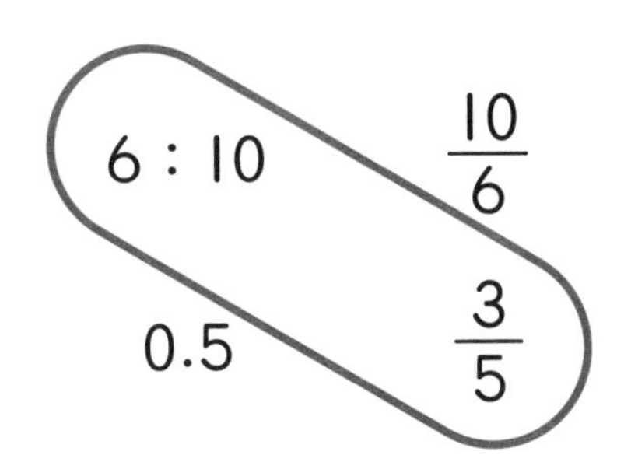

02

$\frac{4}{16}$ 4 : 16

0.24 $\frac{1}{8}$

03

$\frac{25}{7}$ 0.28

4 : 25 $\frac{14}{50}$

04

0.2 $\frac{1}{2}$

$\frac{11}{22}$ 22 : 11

05

9 : 20 $\frac{16}{40}$

$\frac{54}{100}$ 0.45

06

$\frac{1}{10}$ 0.3

3 : 30 $\frac{30}{3}$

07

$\frac{3}{15}$ 15 : 3

0.2 $\frac{1}{2}$

08

24 : 10 $\frac{10}{24}$

0.24 $\frac{12}{5}$

비율이 사용되는 경우 - (1) 주스의 진하기

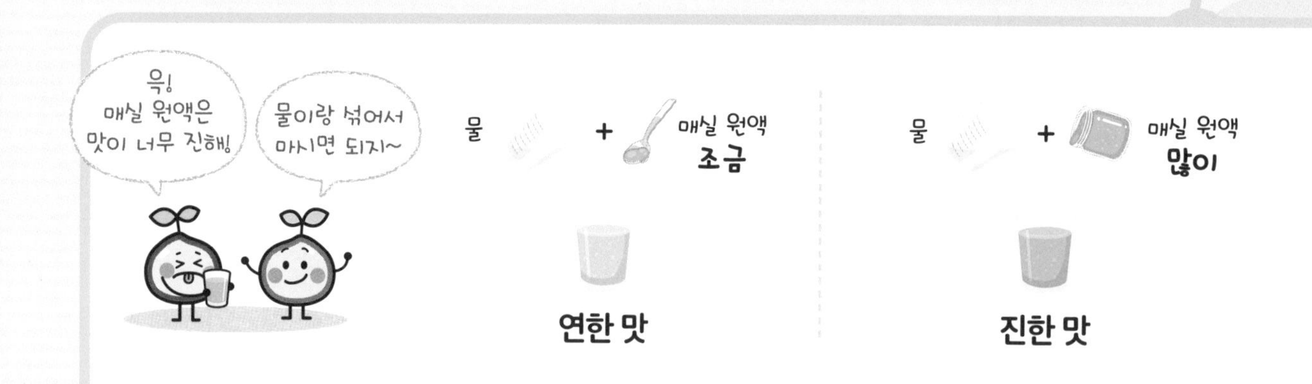

주스의 진하기? → **주스에 들어 있는 원액 양의 비율**

예 물 60 mL에 매실 원액 40 mL를 넣어서 만든 매실주스의 진하기는?

물 + 매실 원액 → 매실주스

60 mL　40 mL　100 mL ➡ $\frac{40}{100} = \frac{2}{5}$

주스 100 mL 중에

원액 40 mL 만큼이 들어 있다.

주스의 $\frac{2}{5}$만큼

원액이 들어 있어!

개념 익히기 1

진하기를 구할 때, 기준량에 □표, 비교하는 양에 △표 하세요.

01

유자차에 들어 있는 유자 원액 양의 비율

02

매실주스 양에 대한 매실 원액 양의 비율

03

자두주스에 들어 있는 자두 원액 양의 비율

▶ 정답 및 해설 12쪽

주스의 진하기 $= \dfrac{\text{원액 양}}{\text{주스 양}}$

맛이 더 진한 것은?

건우는,
물에 포도 원액 30 mL를 넣어
포도주스 50 mL를 만들었어요.

- 비교하는 양 → **원액** 30 mL
- 기준량 → **주스** 50 mL
- **진하기** $= \dfrac{30}{50}$

성은이는,
물에 포도 원액 40 mL를 넣어
포도주스 100 mL를 만들었어요.

- 비교하는 양 → **원액** 40 mL
- 기준량 → **주스** 100 mL
- **진하기** $= \dfrac{40}{100}$

➡ $\dfrac{30}{50}\left(=\dfrac{3}{5}\right) > \dfrac{40}{100}\left(=\dfrac{2}{5}\right)$이므로 **건우의 주스** 맛이 **더 진해요!**

개념 익히기 2

괄호 안에서 알맞은 것에 ○표 하세요.

01

주스의 진하기를 구할 때, 원액 양은 (기준량 , 비교하는 양)입니다.

02

주스의 진하기는 (물의 양 , 주스 양)에 대한 원액 양의 비율입니다.

03

주스 맛이 진할수록 주스에 대한 원액의 비율이 (높습니다 , 낮습니다).

개념 다지기 1

빈칸을 알맞게 채우세요.

01

체리주스 130 g
체리 가루 30 g

➡ 체리주스 양에 대한 체리 가루 양의 비율 $= \dfrac{30}{\boxed{130}}$

02

녹차 가루 2 g
녹차 90 g

➡ 녹차 양에 대한 녹차 가루 양의 비율 $= \dfrac{2}{\square}$

03

꿀물 220 mL
꿀 20 mL

➡ 꿀물 양에 대한 꿀 양의 비율 $= \dfrac{\square}{220}$

04

복숭아주스 115 mL
복숭아 원액 30 mL

➡ 복숭아주스 양에 대한 복숭아 원액 양의 비율 $= \dfrac{\square}{\square}$

05

레몬 가루 23 g
레몬주스 240 g

➡ 레몬주스 양에 대한 레몬 가루 양의 비율 $= \dfrac{\square}{\square}$

06

홍차 가루 37 g
홍차 310 g

➡ 홍차 양에 대한 홍차 가루 양의 비율 $= \dfrac{\square}{\square}$

▶ 정답 및 해설 12쪽

개념 다지기 2

주스에 들어 있는 원액을 찾고, 주스의 진하기를 구하여 선으로 이으세요.

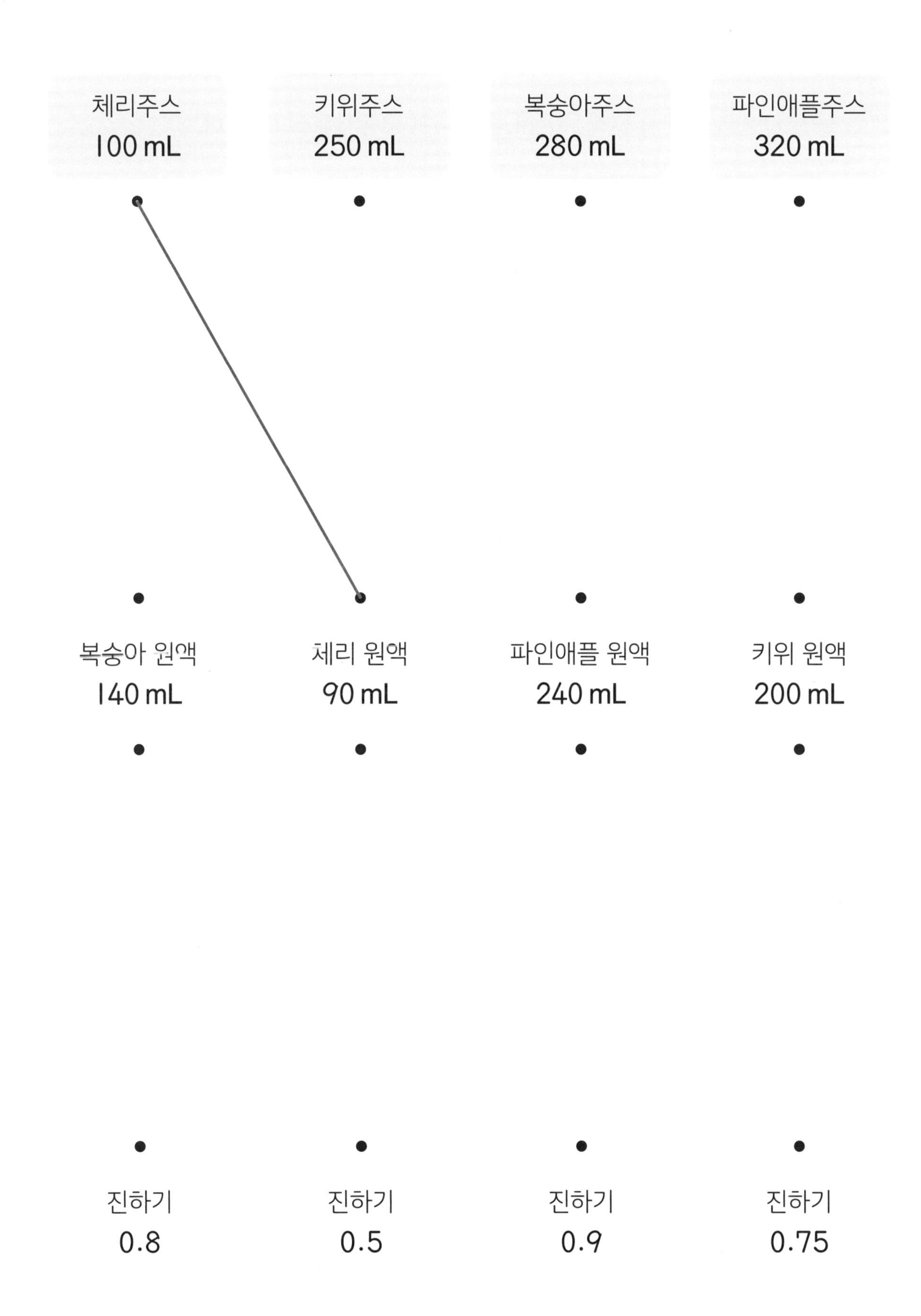

개념 마무리 1

물음에 답하세요.

01

물 50 mL에 오렌지 원액 70 mL를 섞어서 오렌지주스 120 mL를 만들었습니다.
오렌지주스의 진하기를 기약분수로 나타내세요.

$\frac{7}{12}$

02

물 35 mL에 포도 원액 65 mL를 섞어서 포도주스 100 mL를 만들었습니다.
포도주스의 진하기를 소수로 나타내세요.

____

03

코코아 가루 30 g을 물 120 g에 섞어서 핫초코 150 g을 만들었습니다.
핫초코의 진하기를 기약분수로 나타내세요.

____

04

콩가루 160 g을 물 140 g에 섞어서 콩국물 300 g을 만들었습니다.
콩국물의 진하기를 기약분수로 나타내세요.

____

05

물 120 g에 인삼 가루 40 g을 섞어서 인삼차 160 g을 만들었습니다.
인삼차의 진하기를 소수로 나타내세요.

____

06

석류 원액 125 mL와 물 155 mL를 섞어서 석류주스 280 mL를 만들었습니다.
석류주스의 진하기를 기약분수로 나타내세요.

____

▶ 정답 및 해설 14쪽

개념 마무리 2

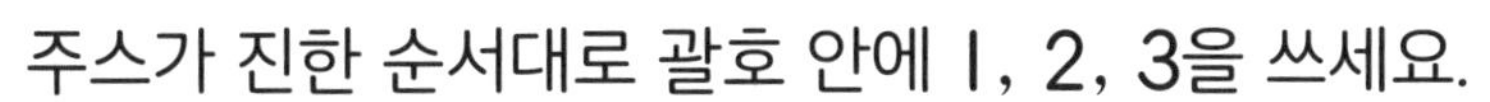

주스가 진한 순서대로 괄호 안에 1, 2, 3을 쓰세요.

01

망고 원액 25 mL 망고주스 100 mL	망고 원액 60 mL 망고주스 120 mL	망고 원액 40 mL 망고주스 120 mL
(3)	(1)	(2)

02

딸기 원액 120 mL 딸기주스 300 mL	딸기 원액 75 mL 딸기주스 200 mL	딸기 원액 68 mL 딸기주스 200 mL
(　　)	(　　)	(　　)

03

오렌지 원액 36 mL 오렌지주스 160 mL	오렌지 원액 80 mL 오렌지주스 160 mL	오렌지 원액 120 mL 오렌지주스 200 mL
(　　)	(　　)	(　　)

04

당근 원액 42 mL 당근주스 210 mL	당근 원액 40 mL 당근주스 300 mL	당근 원액 45 mL 당근주스 270 mL
(　　)	(　　)	(　　)

05

사과 원액 60 mL 사과주스 100 mL	사과 원액 120 mL 사과주스 150 mL	사과 원액 140 mL 사과주스 200 mL
(　　)	(　　)	(　　)

4 비율이 사용되는 경우 - (2) 인구 밀도

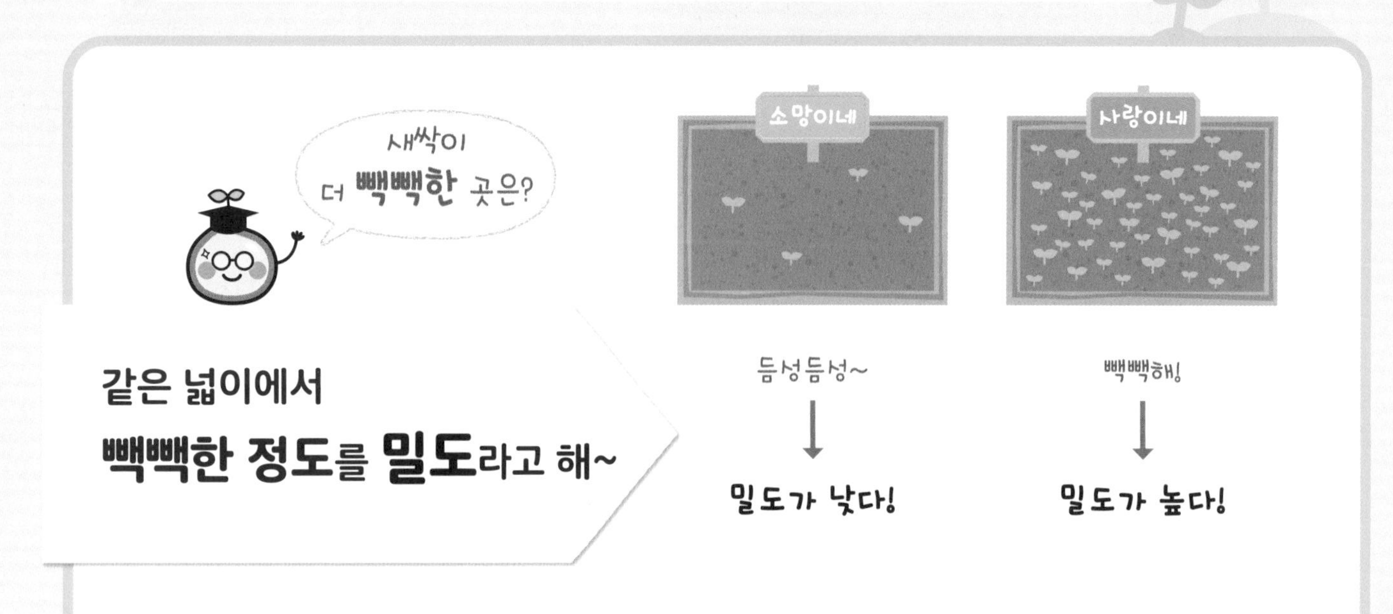

그럼 **인구 밀도**란?

➡ 일정한 **땅의 넓이**를 기준으로, **사람**이 빽빽한 정도!

개념 익히기 1

같은 넓이에 있는 사람 수를 비교하여 밀도가 더 높은 것에 ○표 하세요.

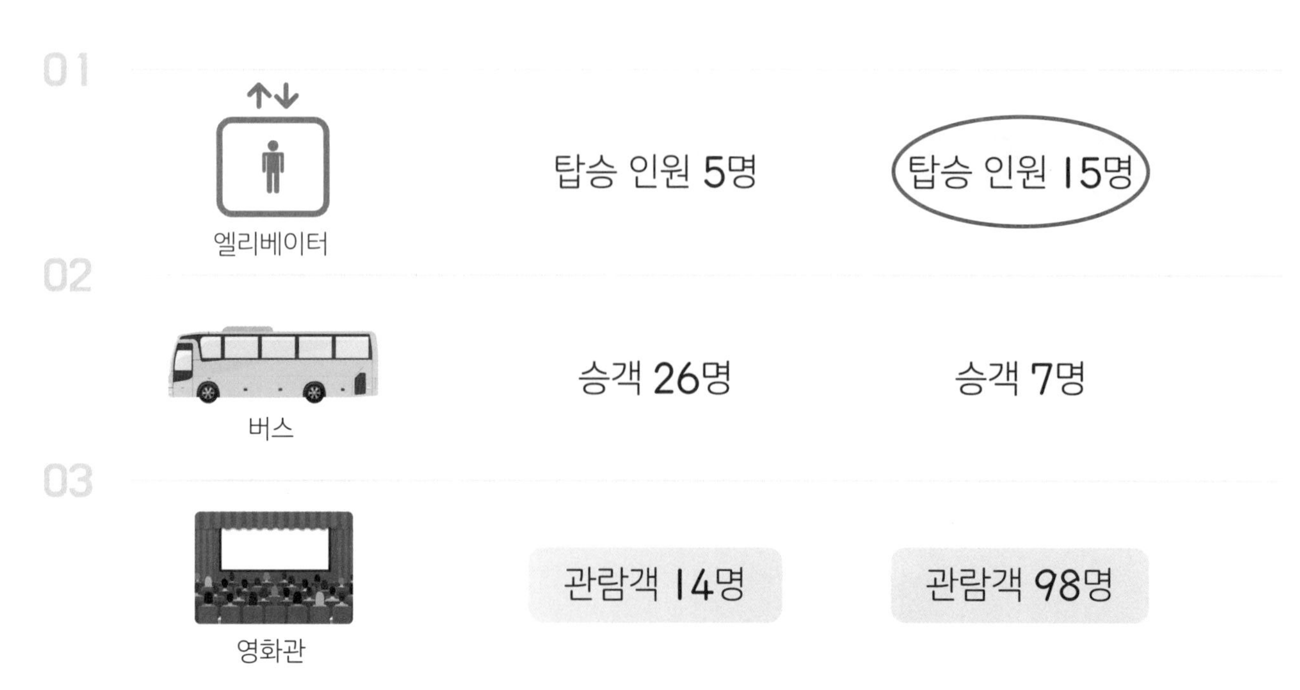

01 엘리베이터 — 탑승 인원 5명 / (탑승 인원 15명)

02 버스 — 승객 26명 / 승객 7명

03 영화관 — 관람객 14명 / 관람객 98명

▶ 정답 및 해설 15쪽

인구 밀도 구하기

넓이에 대한 인구의 비율 = $\frac{인구}{넓이}$

예 넓이가 5 km²인 마을의 인구가 300명일 때, 인구 밀도는?

- 비교하는 양 → 인구 300명
- 기준량 → 넓이 5 km²

➡ 인구 밀도 = $\frac{300명}{5\ km^2}$

= 60명/km²

비교하는 양과 기준량의 단위가 다르면?
300
명
5
km²
단위끼리 나란히 옆으로!
60 명/km²
(1 km²에 60명이 산다는 의미!)

개념 익히기 2

인구 밀도를 보고 빈칸을 알맞게 채우세요.

01

$\frac{860}{17}$명/km² ➡ 17 km²에 [860]명이 살고 있습니다.

02

$\frac{1930}{25}$명/km² ➡ [ ] km²에 사는 사람이 1930명입니다.

03

480명/km² ➡ [ ] km²에 [ ]명이 살고 있습니다.

개념 다지기 1

인구 밀도를 구하려고 합니다. 기준량에 □표, 비교하는 양에 △표 하고, 빈칸을 알맞게 채우세요.

01

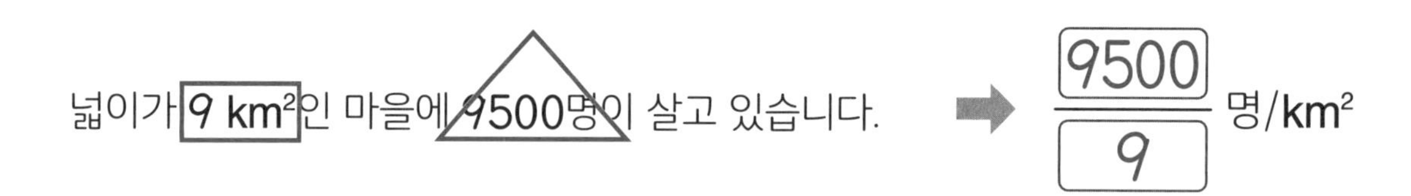

넓이가 9 km²인 마을에 9500명이 살고 있습니다.
9500
9
명/km²

02

인구가 1400명인 마을의 넓이가 13 km²입니다. ➡ $\frac{\square}{13}$ 명/km^2

03

넓이가 21 km²인 지역에 5000명이 살고 있습니다. ➡ $\frac{5000}{\square}$ 명/km^2

04

울릉도의 면적은 73 km²이고, 인구는 9000명입니다. ➡ $\frac{\square}{73}$ 명/km^2

05

인구가 80000명인 도시의 넓이가 53 km²입니다. ➡ $\frac{\square}{\square}$ 명/km^2

06

넓이가 37 km²인 마을의 인구는 15000명입니다. ➡ $\frac{\square}{\square}$ 명/km^2

▶ 정답 및 해설 15쪽

개념 다지기 2

인구 밀도를 구하세요.

01

넓이	인구
25 km^2	4000명

➡ $\frac{4000}{25}$ (= 160) 명/km^2

02

넓이	인구
10 km^2	5000명

➡ ______ 명/km^2

03

인구	넓이
3600명	30 km^2

➡ ______ 명/km^2

04

인구	넓이
7800명	50 km^2

➡ ______ 명/km^2

05

넓이	인구
75 km^2	6750명

➡ ______ 명/km^2

06

넓이	인구
100 km^2	12900명

➡ ______ 명/km^2

개념 마무리 1

인구 밀도가 더 높은 곳에 ○표 하세요.

01

넓이가 8 km^2인 마을의 인구는 1600명이에요. (○)
넓이가 5 km^2인 마을의 인구는 970명이에요. ( )

02

넓이가 16 km^2인 마을의 인구는 1680명이에요. ( )
넓이가 18 km^2인 마을의 인구는 1980명이에요. ( )

03

넓이가 35 km^2인 마을의 인구는 4900명이에요. ( )
넓이가 25 km^2인 마을의 인구는 3000명이에요. ( )

04

넓이가 50 km^2인 마을의 인구는 8700명이에요. ( )
넓이가 45 km^2인 마을의 인구는 6750명이에요. ( )

05

넓이가 124 km^2인 도시의 인구는 9920명이에요. ( )
넓이가 105 km^2인 도시의 인구는 7980명이에요. ( )

06

넓이가 175 km^2인 도시의 인구는 10500명이에요. ( )
넓이가 200 km^2인 도시의 인구는 12600명이에요. ( )

▶ 정답 및 해설 16쪽

개념 마무리 2

우리나라의 지역별 인구와 넓이를 어림하여 나타낸 자료입니다.
인구 밀도가 높은 순서대로 지역명을 쓰세요.

〈지역별 인구〉

지역	서울	대전	광주	강릉	부산
인구(만 명)	968	135	130	26	385

〈지역별 넓이〉

(단위 : km^2)

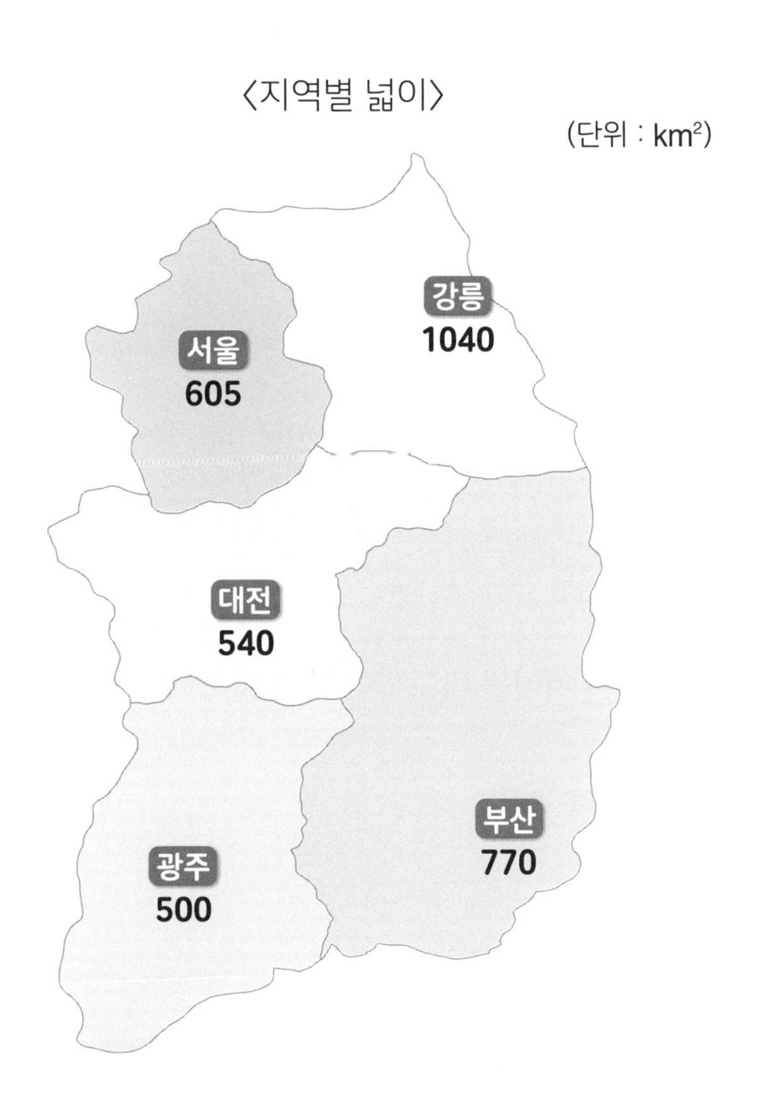

서울,

비율이 사용되는 경우 - (3) 빠르기

난 학교에 오는 데
3분 밖에 안 걸리니까
내가 우리 반에서
제일 빠른 것 같아~
집에서 학교까지
300 m

그건 너희 집이
학교랑 가까우니까
그렇지~!
SCHOOL
음...

나는
집에서 학교까지
1000 m인데
5분 걸리는 걸!
시간만 비교해서는
빠르기를
알 수 없구나...

거리 시간

빠르기

'빠르다', '느리다'를 얘기하려면 거리와 시간, 2가지 값이 필요해~
이때 2가지 값을 간단히 하나로 나타낸 것이 비율이지!

그럼, 거리와 시간 중에 무엇을 기준으로 해야 할까?

집에서 학교까지 거리 : 300 m
걸린 시간 : 3분

거리가 기준일 때

비율 $\frac{3분}{300\text{ m}} = \frac{1분}{100\text{ m}}$

의미 100 m를 가는 데 1분 걸려~

시간이 기준일 때

비율 $\frac{300\text{ m}}{3분} = \frac{100\text{ m}}{1분}$

의미 1분 동안 100 m를 갔어!

개념 익히기 1

같은 시간 동안 이동한 거리를 비교하여 더 빠른 것에 ○표 하세요.

01

5분

900 m

730 m

02

10분

495 m

503 m

03

30분

10 km

14 km

▶ 정답 및 해설 17쪽

'빠르기'는 이렇게 약속해!

시간을 기준으로 거리를 비교! ➡ $\frac{거리}{시간}$

집에서 학교까지 300 m를 가는 데 3분 걸렸어.

- 비교하는 양 → **거리 300 m**
- 기준량 → **시간 3분**
- **빠르기** $= \frac{300\ m}{3분} = 100\ m/분$

의미 : 1분 동안 100 m를 갔어!

집에서 학교까지 1000 m를 가는 데 5분 걸렸어.

- 비교하는 양 → **거리 1000 m**
- 기준량 → **시간 5분**
- **빠르기** $= \frac{1000\ m}{5분} = 200\ m/분$

의미 : 1분 동안 200 m를 갔어!

개념 익히기 2

문장을 읽고 옳은 것에 ○표, 틀린 것에 ×표 하세요.

01 빠르기는 시간을 기준으로 이동한 거리를 비교합니다. (○)

02 이동한 거리만 알아도 빠르기를 알 수 있습니다. (   )

03 1 km/시는 1시간 동안 1 km를 갔다는 의미입니다. (   )

개념 다지기 1

빠르기를 나타낼 때, 빈칸을 알맞게 채우세요.

01

걸어서 800 m를 가는 데 17분이 걸렸어요.

02

자전거를 타고 1 km를 가는 데 4분이 걸렸어요.

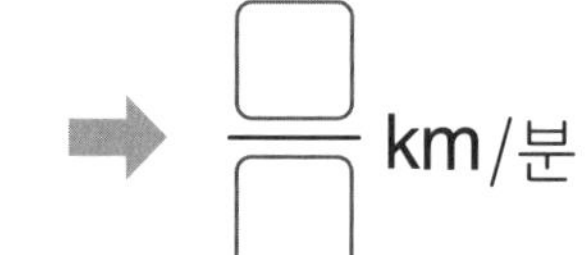

03

지하철을 타고 32분 동안 15 km를 갔어요.

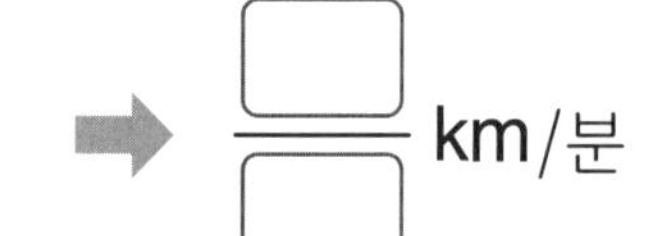

04

$\frac{7}{12}$ km/분 ➡ 킥보드를 타고 ☐분 동안 ☐ km를 갔어요.

05

$\frac{50}{27}$ km/분 ➡ 자동차를 타고 ☐ km를 가는 데 ☐분 걸렸어요.

06

$\frac{389}{2}$ km/시 ➡ 고속 철도를 타고 ☐시간 동안 ☐ km를 갔어요.

▶ 정답 및 해설 17쪽

개념 다지기 2

이동한 거리와 걸린 시간을 보고 빠르기를 구하세요.

01

거리	시간
320 m	5분

➡ $\frac{320}{5}$ (= 64) m/분

02

거리	시간
900 m	2분

 ______ m/분

03

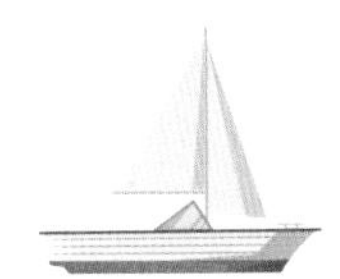

시간	거리
4시간	168 km

 ______ km/시

04

시간	거리
3시간	180 km

 ______ km/시

05

거리	시간
104 km	2시간

 ______ km/시

06

거리	시간
255 km	3시간

 ______ km/시

빠르기를 비교하여 더 빠른 동물에 ○표 하세요.

01

1시간 동안 70 km를 달렸어요.	2시간 동안 110 km를 달렸어요.

02

5분 동안 3600 m를 갔어요.	3분 동안 1800 m를 갔어요.

03

4분 동안 800 m를 갔어요.	2분 동안 1200 m를 갔어요.

04

120 km를 가는 데 3시간이 걸렸어요.	250 km를 가는 데 5시간이 걸렸어요.

05

90 km를 가는 데 2시간이 걸렸어요.	160 km를 가는 데 4시간이 걸렸어요.

개념 마무리 2

물음에 답하세요.

01

수영 대회에서 준호는 50 m 종목에, 지원이는 100 m 종목에 출전했습니다.

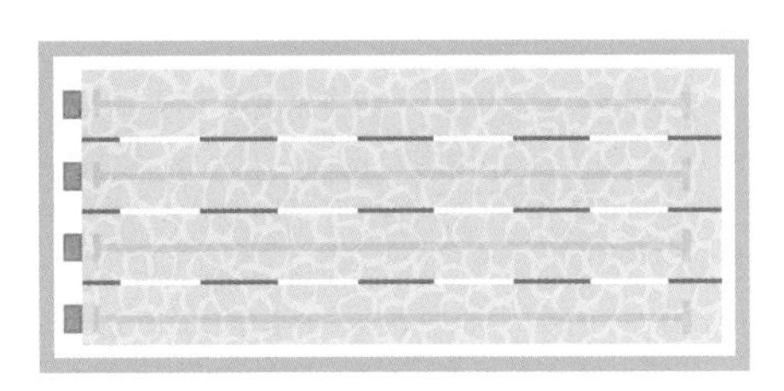

(1) 준호의 기록이 2분일 때, 빠르기는 얼마일까요?

25 m/분

(2) 지원이의 기록이 5분일 때, 빠르기는 얼마일까요?

______ m/분

02

하준이와 예서는 트랙을 따라 달리기를 했습니다.

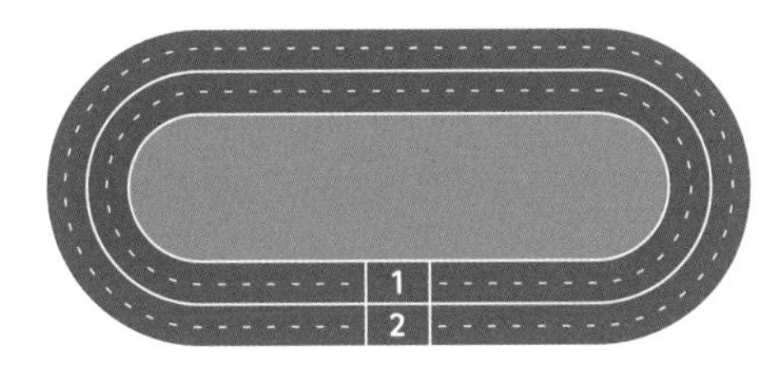

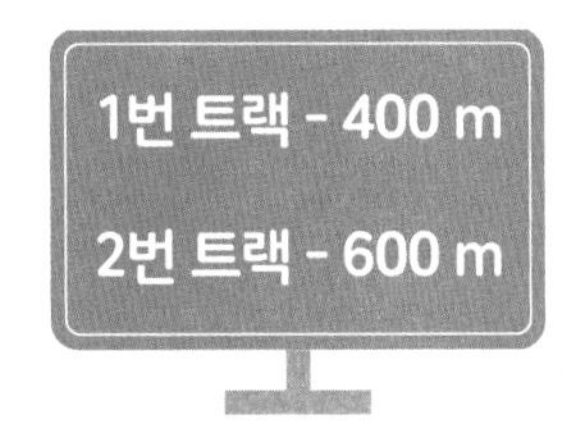

(1) 하준이는 1번 트랙 한 바퀴를 달리는 데 10분 걸렸습니다.
하준이의 빠르기는 얼마일까요?

______ m/분

(2) 예서는 2번 트랙 한 바퀴를 달리는 데 8분 걸렸습니다.
예서의 빠르기는 얼마일까요?

______ m/분

(3) 하준이와 예서 중 누가 더 빠른가요?

______

지금까지 '비율'에 대해 살펴보았습니다.
얼마나 제대로 이해했는지 확인해 봅시다.

1

비를 보고 비율로 알맞게 나타내시오.

비 \ 비율	분수	소수
7 : 10		

2

전체에 대한 색칠한 부분의 비율이 $\frac{3}{5}$이 되도록 그림에 알맞게 색칠하시오.

3

주어진 비를 비율로 나타내려고 합니다. ▢ 안에는 기약분수로, ◯ 안에는 소수로 쓰시오.

4와 20의 비

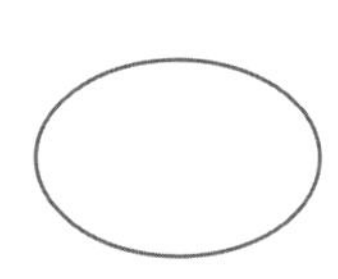

4

비율을 비교하여 가장 큰 것에 ○표 하시오.

$\frac{7}{8}$ 4 : 5 0.9

맞은 개수 8개	◯	매우 잘했어요.
맞은 개수 6~7개	◯	실수한 문제를 확인하세요.
맞은 개수 5개	◯	틀린 문제를 2번씩 풀어 보세요.
맞은 개수 1~4개	◯	앞부분의 내용을 다시 한번 확인하세요.

▶ 정답 및 해설 18쪽

5

키에 대한 그림자 길이의 비율을 비교하여 ◯ 안에 >, =, <를 알맞게 쓰시오.

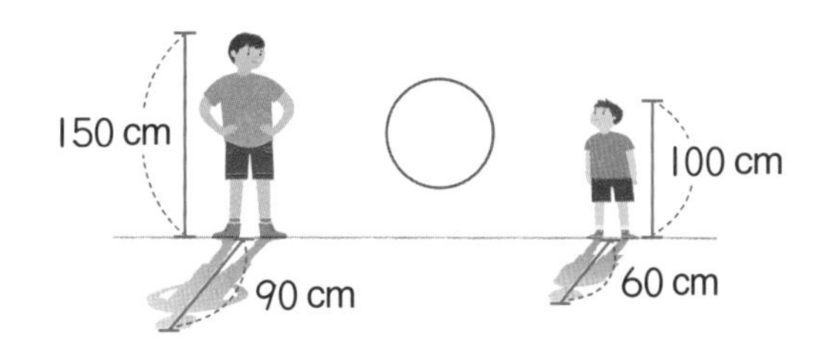

6

한샘이는 꿀 40 g으로 꿀물 240 g을 만들고, 영주는 꿀 63 g으로 꿀물 420 g을 만들었습니다. 누가 만든 꿀물이 더 진한지 쓰시오.

7

인구 밀도가 가장 높은 마을은 어느 곳인지 쓰시오.

마을	행복 마을	사랑 마을	푸른 마을
넓이(km^2)	24	30	65
인구(명)	2040	2700	5200

8

수아는 1코스로 등산하여 115분이 걸렸고,
로아는 2코스로 등산하여 90분이 걸렸습니다.
빠르기를 비교하여 누가 더 빠른지 쓰시오.

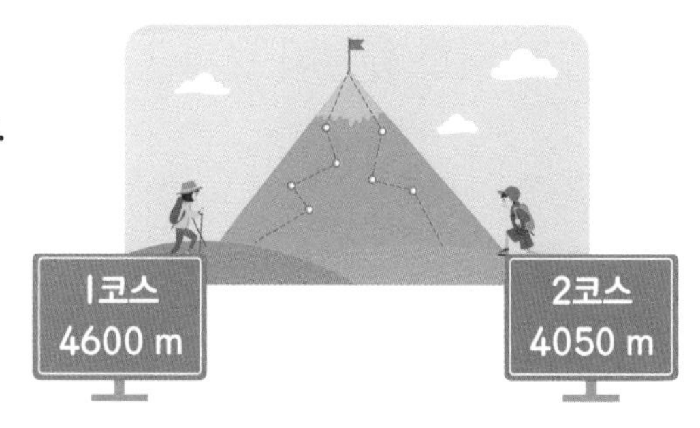

서술형으로 확인

▶ 정답 및 해설 36쪽

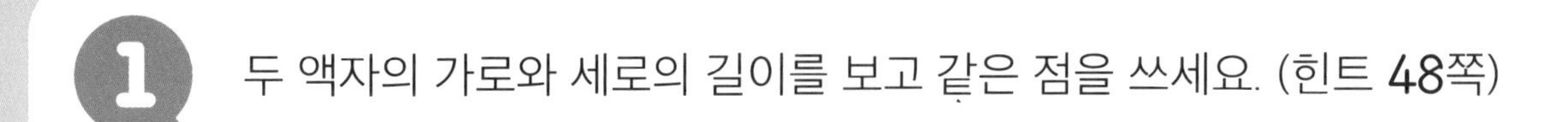

1 두 액자의 가로와 세로의 길이를 보고 같은 점을 쓰세요. (힌트 48쪽)

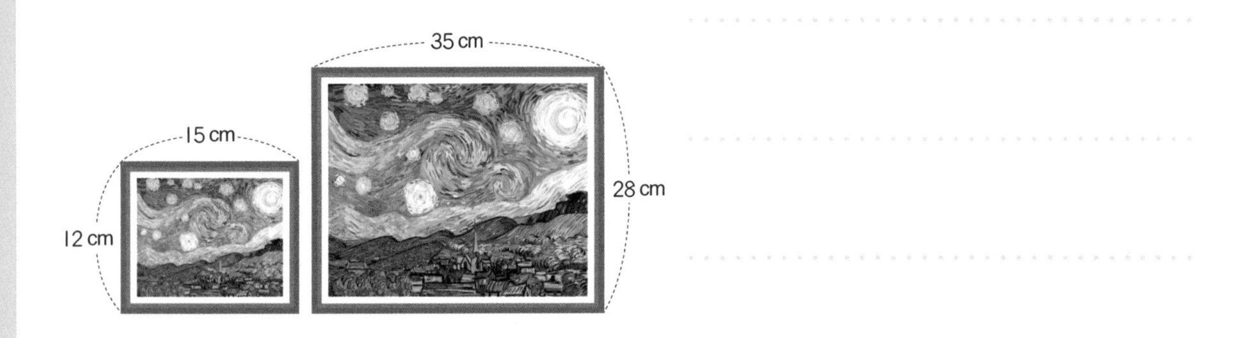

2 인구 밀도를 구하는 식을 쓰세요. (힌트 61쪽)

3 지훈이는 30분 동안 1500 m를 갔습니다. 지훈이의 빠르기를 구하고, 의미를 설명해 보세요. (힌트 67쪽)

잠깐! 서술형으로 쓰기 어려워? 그럼 앞에서 배운 걸 찾아보고 써도 좋아!

어느 쪽의 빨간색 원이 더 큰가요?

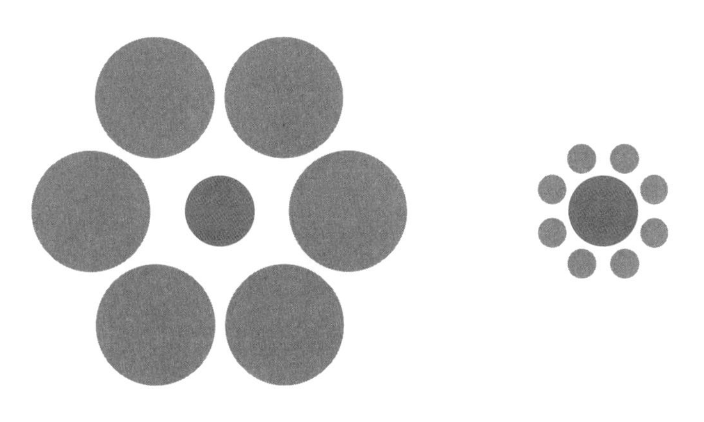

사실, 빨간색 원의 크기는 서로 같아요. 그런데 다르게 보이는 이유가 뭘까요?

그것은, 회색 원의 크기에 대한 빨간색 원의 크기 비율이 다르기 때문이에요.

기준이 되는 회색 원이 크면 빨간색 원이 작게 보이고, 회색 원이 작으면 빨간색 원이 크게 보이죠.

이렇게 비율의 차이를 이용한다면 여러분도 착시 현상을 일으키는 작품을 만들 수 있겠죠? ^^

백분율

지금까지는 비율을

분수, 소수로 나타냈는데요~

다른 방법으로도 비율을 나타낼 수 있어요!

바로 **백 분 율** 이라는 거예요.

百	分	率
일백(백)	나눌(분)	비율(율)
100으로	나누었을 때의	비율

백분율의 가장 큰 특징은

%

이런 **기호**를 함께 쓴다는 것인데요~

우리, **백분율의 뜻**부터 차근차근 배워 보아요~

1 백분율의 뜻

백분율 : 기준량을 100으로 할 때의 비율

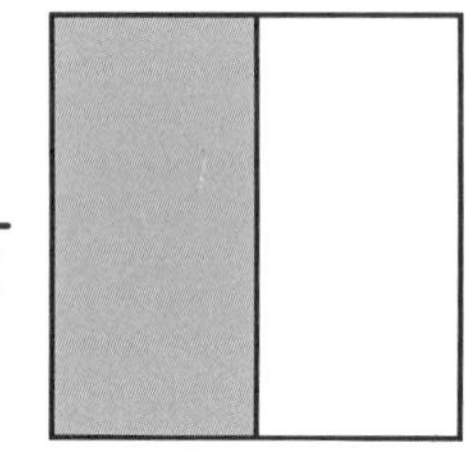

백이 분모인 비율
이렇게 기억하면 쉬워~

숫자 뒤에 기호 %를 쓰고, 퍼센트라고 읽어요.

$\frac{1}{2}$ = $\frac{50}{100}$

50 %

읽기 : **50 퍼센트**

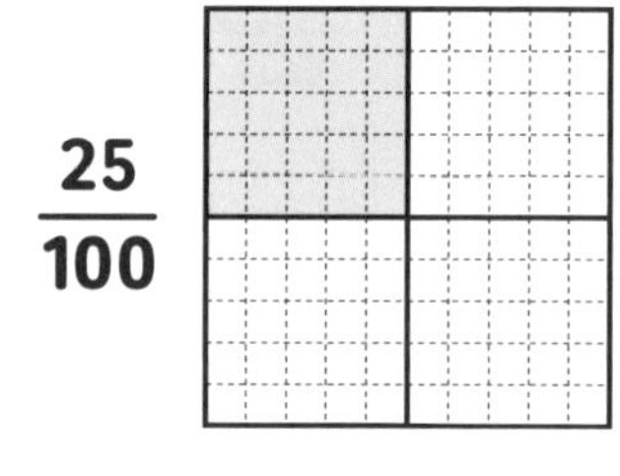

$\frac{1}{4}$ = $\frac{25}{100}$

25 %

읽기 : **25 퍼센트**

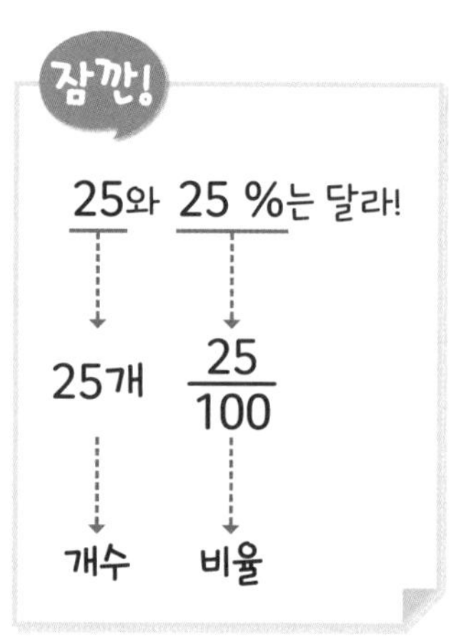

잠깐!
25와 25 %는 달라!
25개
25/100
개수
비율

개념 익히기 1

백분율만큼 색칠하세요.

01 2 %

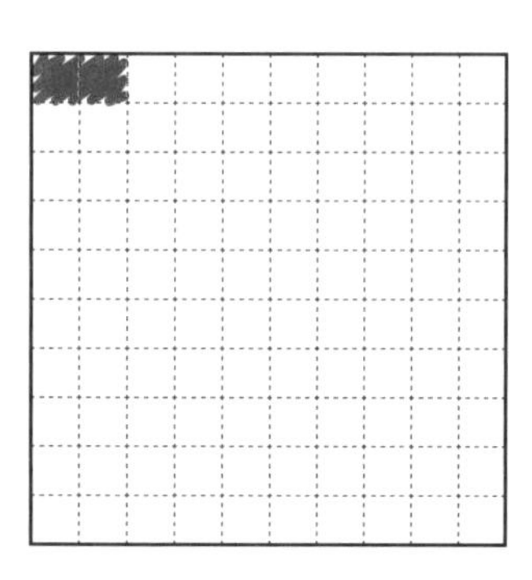

02 40 %

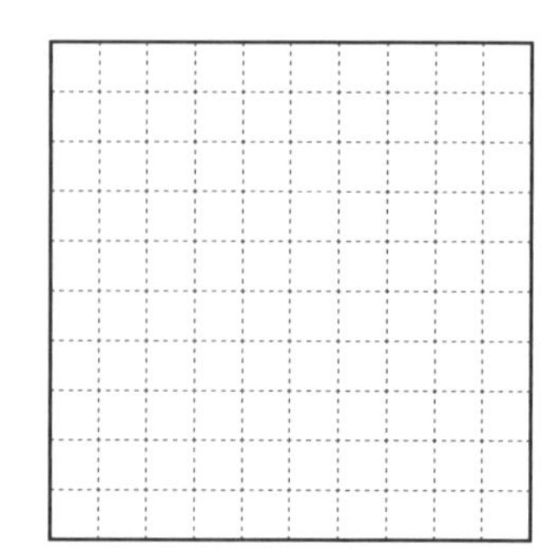

03 35 %

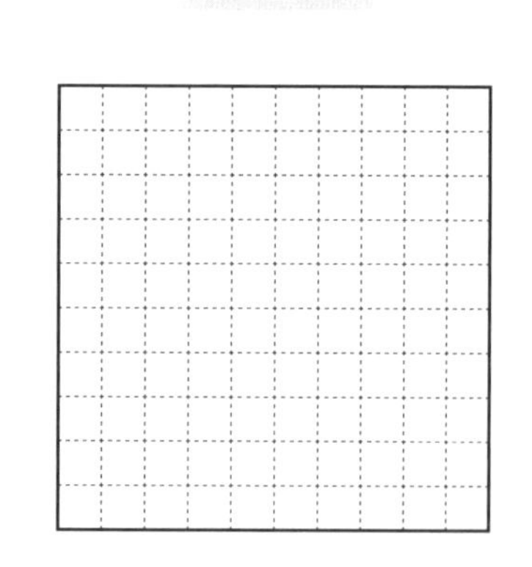

▶ 정답 및 해설 20쪽

비교하는 양 ⟶ △

기준량 ⟶ 100

$$\frac{\triangle}{100} = \triangle\ \%$$

분자에 % 붙이기!

$$\frac{1}{4} = \frac{1 \times 25}{4 \times 25} = \frac{25}{100} = 25\ \%$$

분모를 100으로!

100이 되는 곱셈식

2×50 4×25 5×20 10×10

개념 익히기 2

빈칸을 알맞게 채우세요.

01

$$\frac{9}{100} = \boxed{9}\ \%$$

02

$$\frac{34}{100} = \boxed{}\ \%$$

03

$$\frac{57}{100} = \boxed{}\ \%$$

개념 다지기 1

그림을 보고 빈칸을 알맞게 채우세요.

01

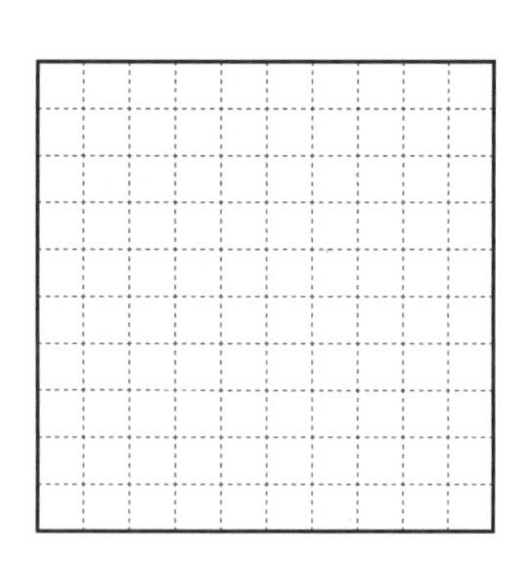

$\frac{100}{100}$ = [ ] %

02

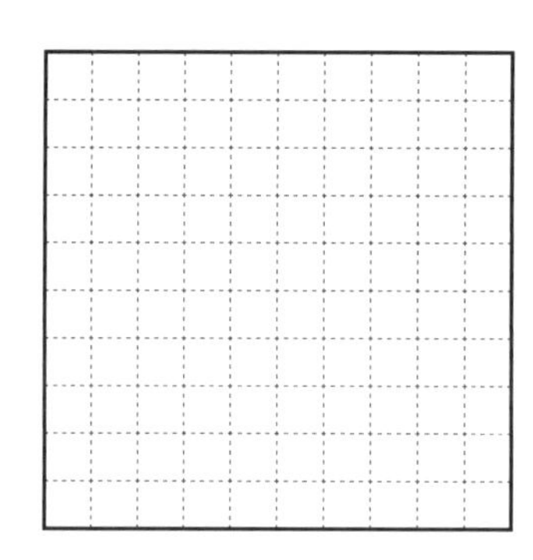

$\frac{\square}{100}$ = [ ] %

03

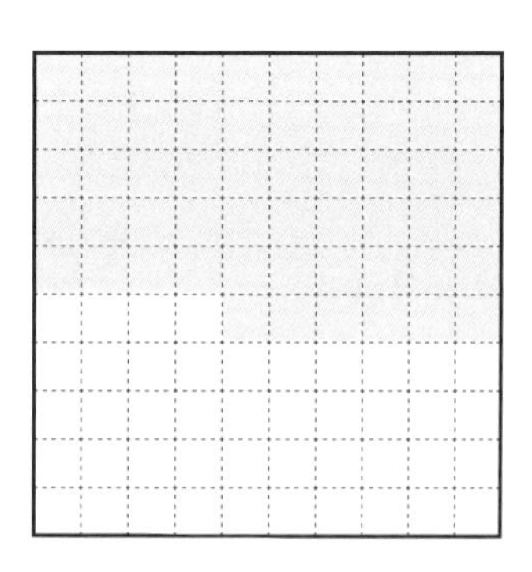

$\frac{\square}{100}$ = [ ] %

04

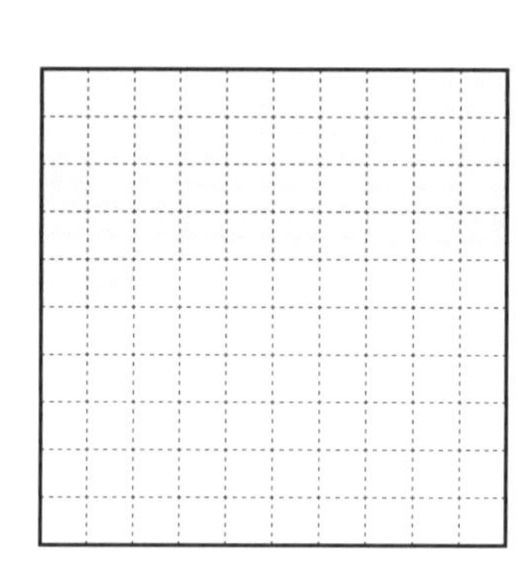

$\frac{\square}{100}$ = [ ] %

05

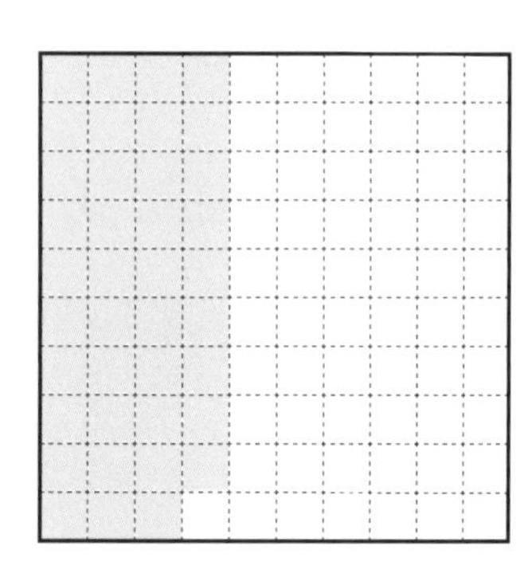

$\frac{\square}{100}$ = [ ] %

06

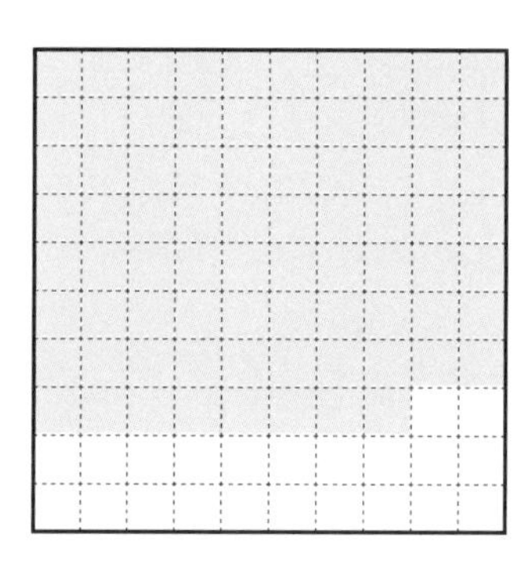

$\frac{\square}{100}$ = [ ] %

▶ 정답 및 해설 20쪽

개념 다지기 2

분모를 100으로 바꾸어 백분율로 나타내는 과정입니다. 빈칸을 알맞게 채우세요.

01

$$\frac{1}{10} = \frac{1 \times \boxed{10}}{10 \times \boxed{10}} = \frac{\boxed{10}}{100} = \boxed{10}\ \%$$

02

$$\frac{19}{50} = \frac{19 \times \square}{50 \times \square} = \frac{\square}{100} = \square\ \%$$

03

$$\frac{1}{4} = \frac{1 \times \square}{4 \times \square} = \frac{\square}{100} = \square\ \%$$

04

$$\frac{4}{5} = \frac{4 \times \square}{5 \times \square} = \frac{\square}{100} = \square\ \%$$

05

$$\frac{17}{20} = \frac{17 \times \square}{20 \times \square} = \frac{\square}{\square} = \square\ \%$$

06

$$\frac{21}{25} = \frac{21 \times \square}{25 \times \square} = \frac{\square}{\square} = \square\ \%$$

개념 마무리 1

같은 것끼리 선으로 이으세요.

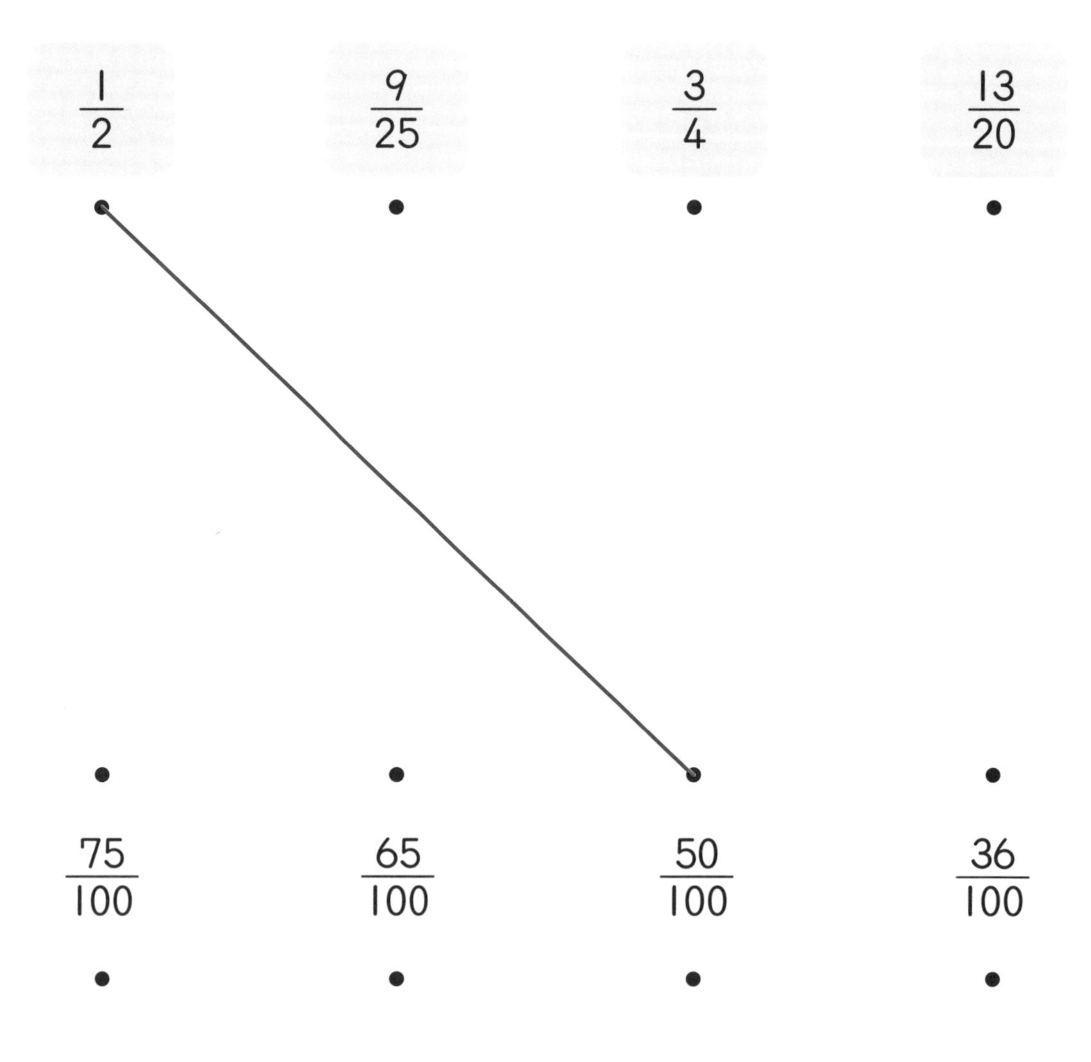

75 %　　50 %　　36 %　　65 %

▶ 정답 및 해설 21쪽

개념 마무리 2

전체에 대한 색칠한 부분의 비율을 분수로 나타내고, 백분율로 바꾸어 쓰세요.

01

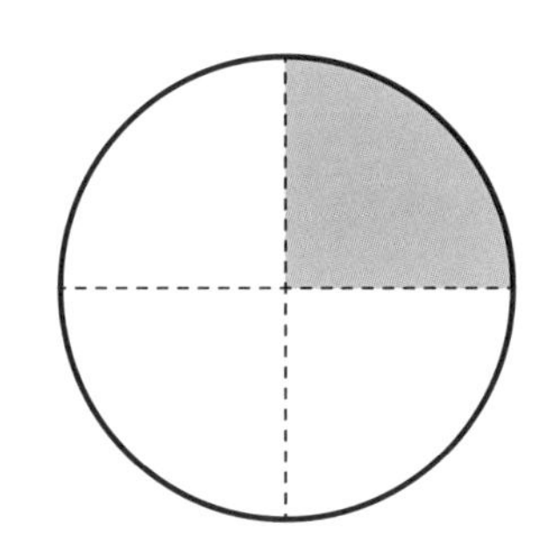

$\frac{1}{4}$ → 25 %

02

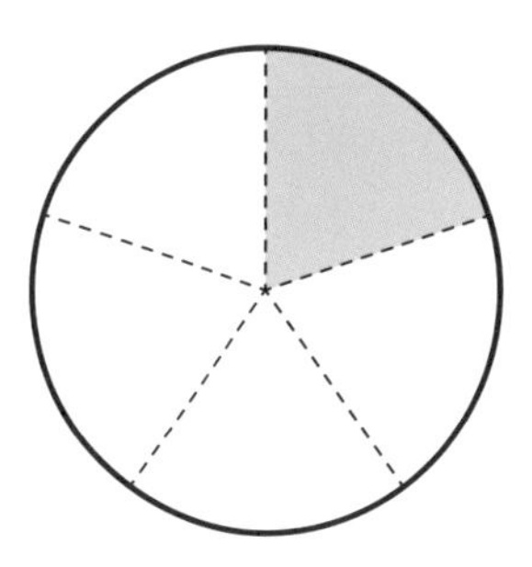

→

03

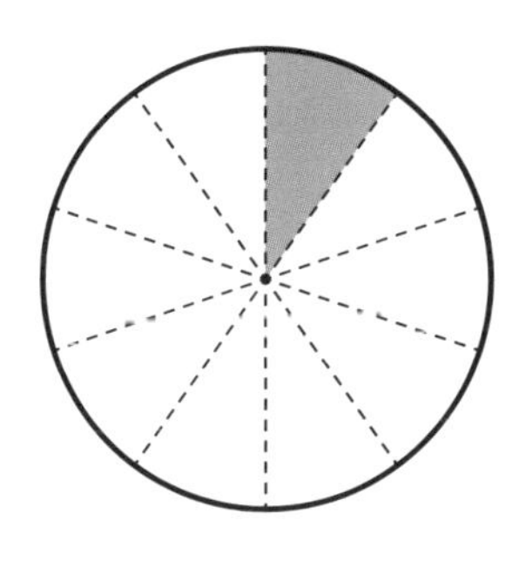

→

04

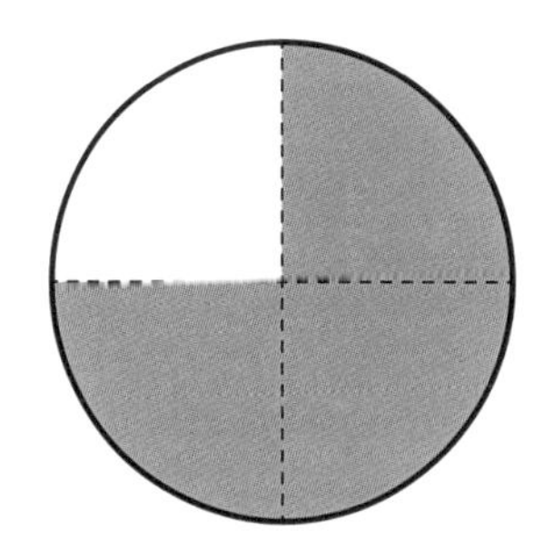

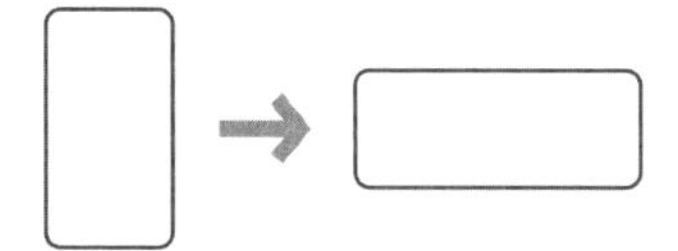

05

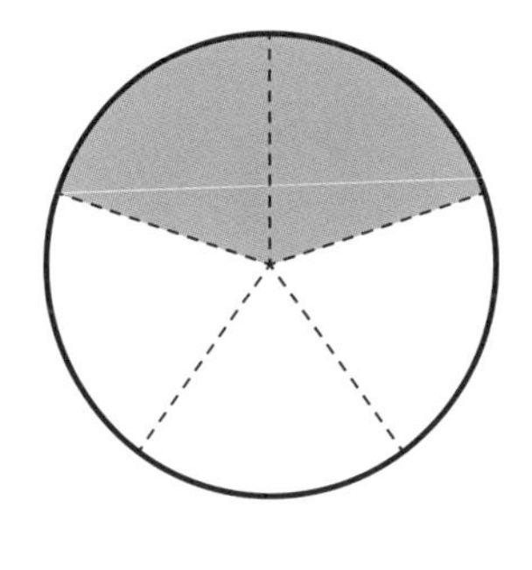

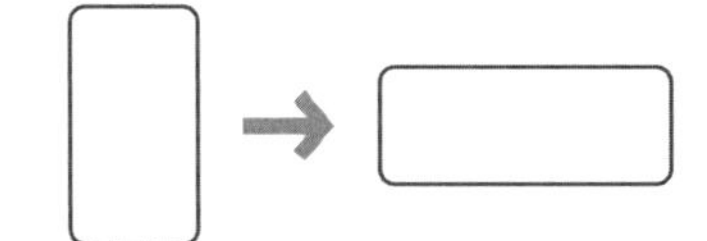

06

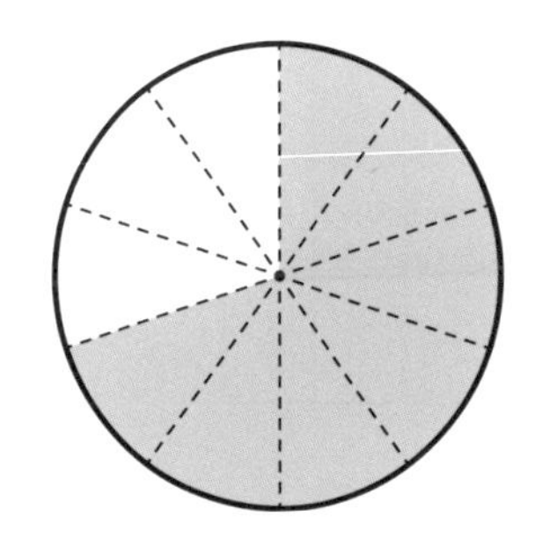

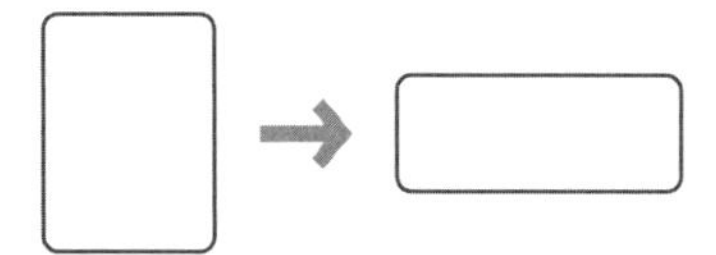

2 비율과 백분율

비율을 ⤳ 백분율로 나타내는 또 다른 방법!

100을 곱하기!

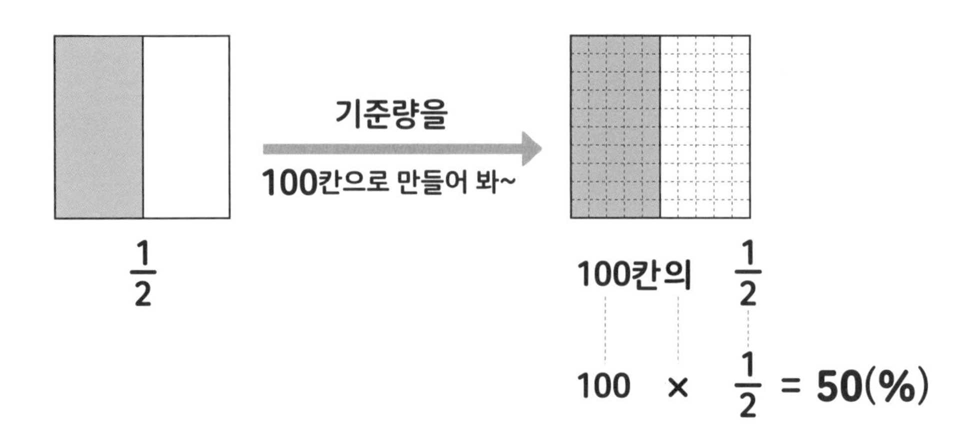

비율 —×100→ 백분율

예 $\frac{3}{4}$ ➡ $\frac{3}{4} \times 100 = 75(\%)$

예 0.8 ➡ $0.8 \times 100 = 80(\%)$

0.8 → 80 오른쪽으로 소수점 두 칸 이동

▶ 개념 익히기 1

색칠한 부분을 보고 백분율을 구하는 식을 완성하세요.

01

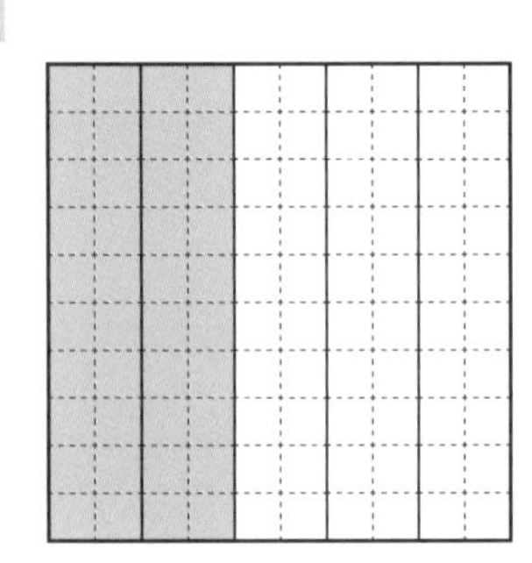

100칸의 $\frac{2}{5}$

→ 100 ⊗ $\frac{2}{5}$

02

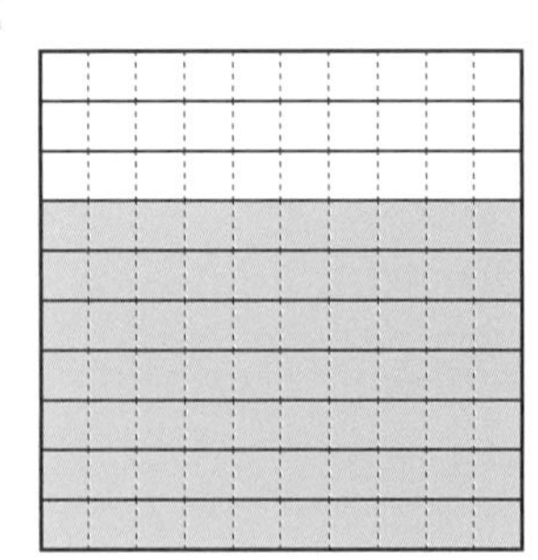

100칸의 $\frac{7}{10}$

→ 100 × ☐

03

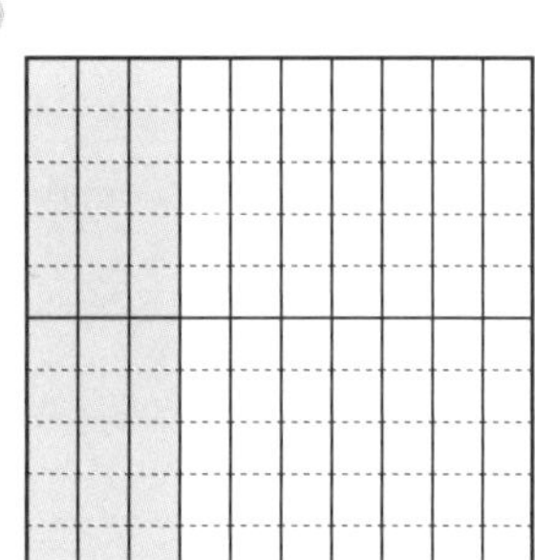

100칸의 $\frac{6}{20}$

→ ☐ ○ $\frac{6}{20}$

▶ 정답 및 해설 21쪽

2414

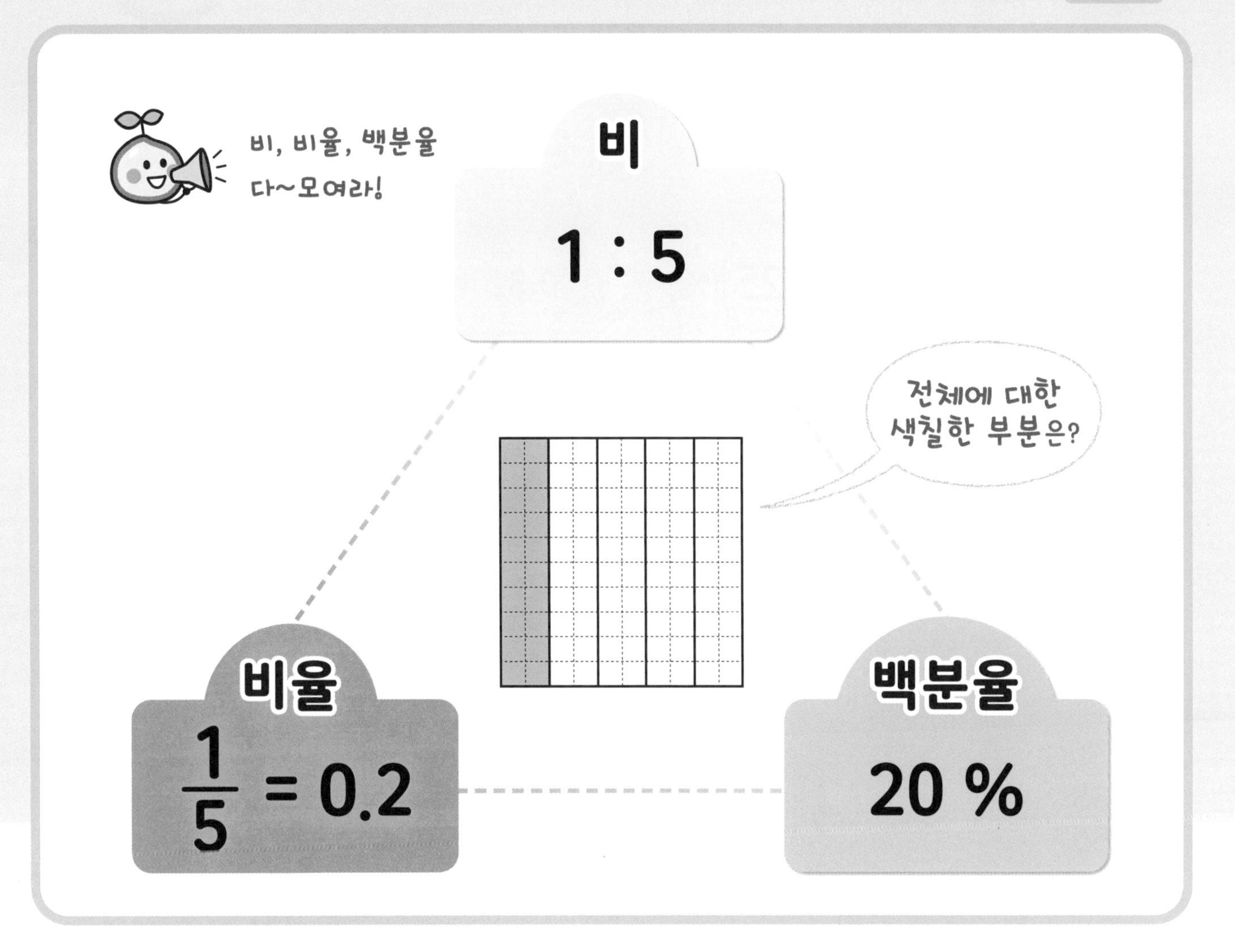

개념 익히기 2

빈칸을 알맞게 채우세요.

01

$29\ \% = \frac{\boxed{29}}{100}$

02

$3\ \% = \frac{\square}{100}$

03

$67\ \% = \frac{\square}{100}$

개념 다지기 1

분수나 소수를 백분율로 나타내는 과정입니다. 빈칸을 알맞게 채우세요.

01

$\frac{20}{80}$ → [25](%)

$\frac{20}{80}$ × [100]

02

0.82 → [ ](%)

0.82 × [ ]

03

$\frac{33}{55}$ → [ ](%)

[ ] × 100

04

0.9 → [ ](%)

[ ] × 100

05

$\frac{21}{60}$ → [ ](%)

$\frac{21}{60}$ × [ ]

06

0.14 → [ ](%)

0.14 × [ ]

▶ 정답 및 해설 22쪽

개념 다지기 2

백분율을 분수와 소수로 나타내세요.

01

23 %

분수 $\frac{23}{100}$

소수 0.23

02

37 %

분수

소수

03

59 %

분수

소수

04

71 %

분수

소수

05

42 %

분수

소수

06

86 %

분수

소수

개념 마무리 1

전체에 대한 색칠한 부분의 비율을 백분율로 나타내세요.

01

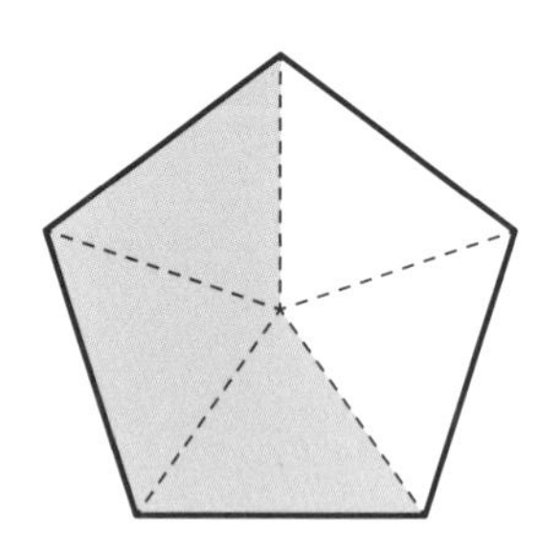

60 %

02

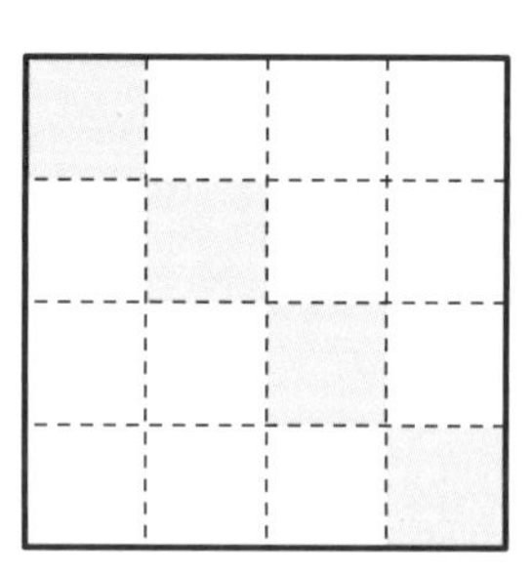

03

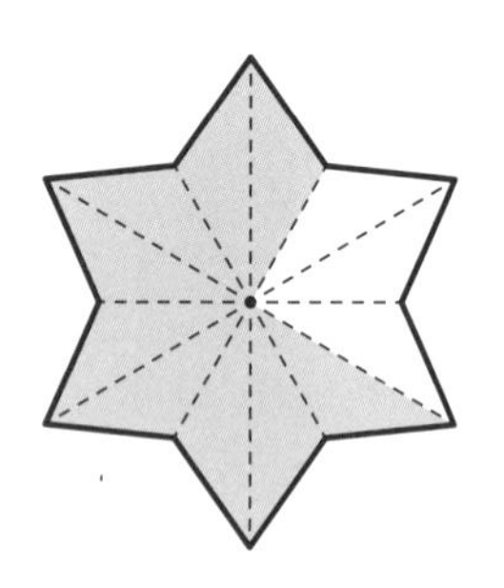

04

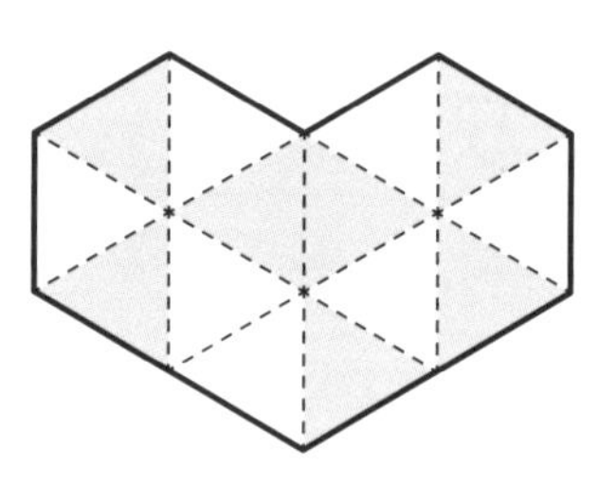

05

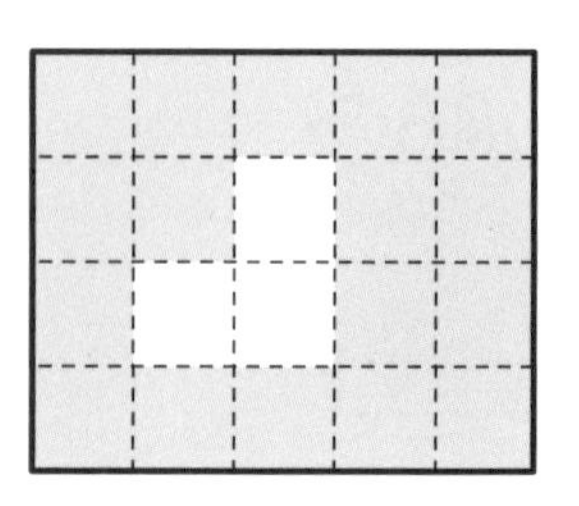

06

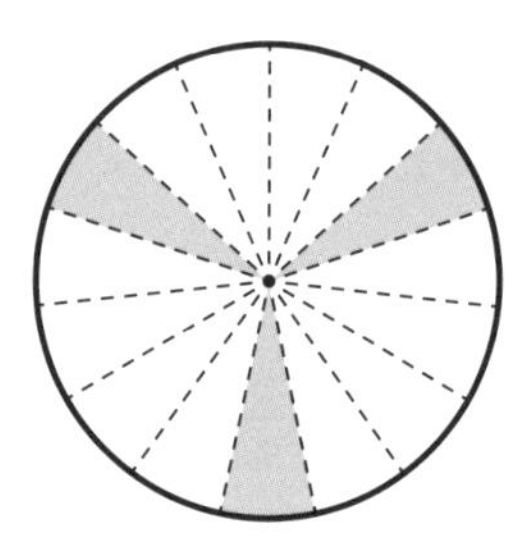

▶ 정답 및 해설 22쪽

개념 마무리 2

비율을 비교하여 가장 큰 것에 ○표 하세요.

01

$\frac{16}{20}$  7 : 5

0.9 85 %

02

3 : 15 0.11

10 % $\frac{21}{42}$

03

1.4 3 : 1

$\frac{99}{100}$ 35 %

04

$\frac{39}{30}$ 1 : 2

0.9 20 %

05

$\frac{7}{20}$ 9 %

0.7 6 : 10

06

8 : 25 0.59

73 % $\frac{31}{50}$

3 백분율이 사용되는 경우

우리 주변에서 백분율을 찾아볼까요?

할인율 ➡ 원래 가격**에 대한** 할인 금액**의 비율** ㉠ 50 % 할인

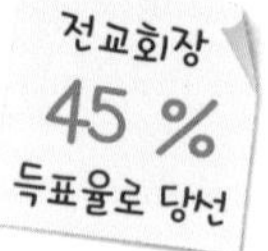

득표율 ➡ 전체 투표수**에 대한** 득표수**의 비율** ㉠ 45 % 득표

합격률 ➡ 전체 지원자 수**에 대한** 합격자 수**의 비율** ㉠ 90 % 합격

접종률 ➡ 접종 대상자 수**에 대한** 접종자 수**의 비율** ㉠ 40 % 접종

⋮

기준량과 비교하는 양으로 비율을 구하고,
100을 곱한 결과에 %를 붙여요!

$$\text{백분율} = \frac{\text{비교하는 양}}{\text{기준량}} \times 100$$

개념 익히기 1

기준량에 □표, 비교하는 양에 △표 하고, 백분율을 구하는 식을 완성하세요.

01

득표율

반장 선거에서 전체 [25표] 중
△17표를 얻은 비율

➡ $\frac{17}{25} \times 100$

02

승률

농구팀이 50경기에 출전하여
32경기를 이겼을 때의 비율

➡ $\frac{\square}{50} \times \square$

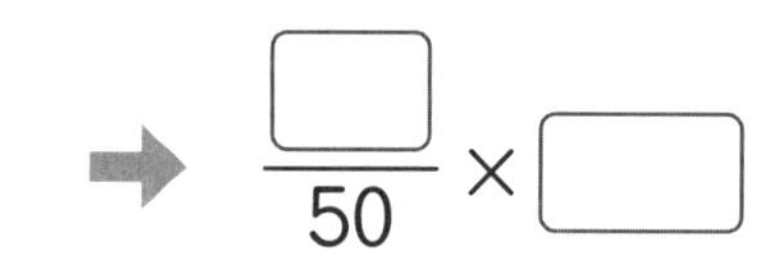

03

당첨률

이벤트에 500명이 응모를 하여
10명이 당첨되었을 때의 비율

➡ $\frac{\square}{\square} \times 100$

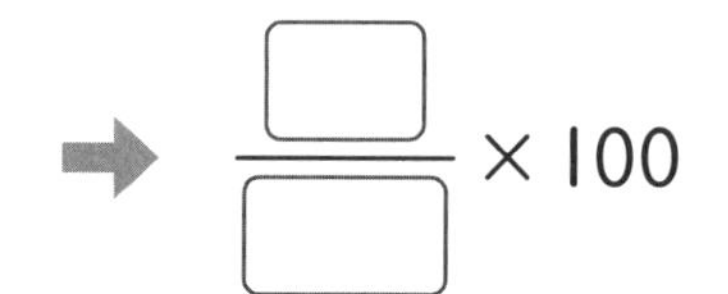

▶ 정답 및 해설 24쪽 2415

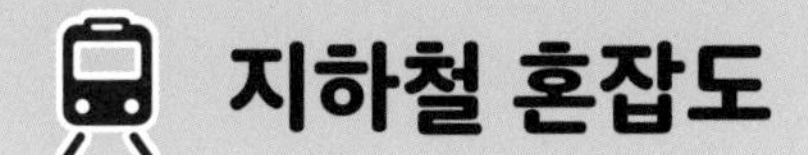

지하철 혼잡도

지하철 한 칸에 160명 기준으로, 탑승객 수의 비율에 따라 혼잡한 정도를 표시해~

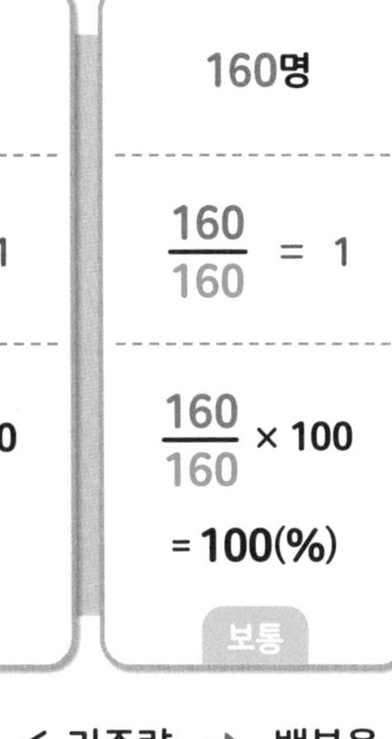

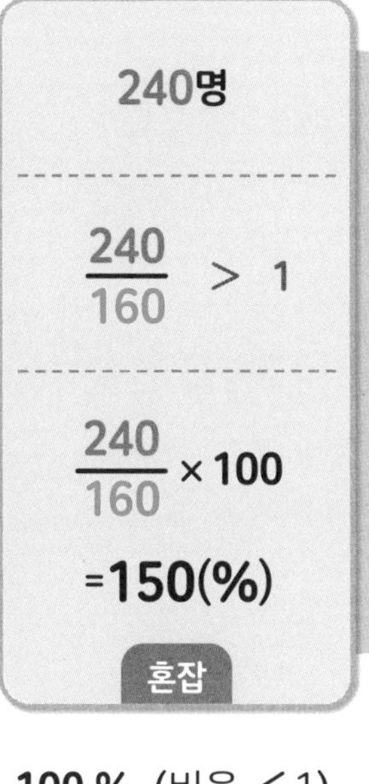

탑승객 수 (비교하는 양)	120명	160명	240명
탑승객 수의 비율	$\frac{120}{160} < 1$	$\frac{160}{160} = 1$	$\frac{240}{160} > 1$
탑승률	$\frac{120}{160} \times 100$ = 75(%)	$\frac{160}{160} \times 100$ = 100(%)	$\frac{240}{160} \times 100$ = 150(%)
	여유	보통	혼잡

80 % 미만 → 여유
80 ~ 130 % → 보통
130 % 초과 → 혼잡

비교하는 양 < 기준량 ➡ 백분율 < 100 % (비율 < 1)
비교하는 양 = 기준량 ➡ 백분율 = 100 % (비율 = 1)
비교하는 양 > 기준량 ➡ 백분율 > 100 % (비율 > 1)

개념 익히기 2

비율이 1보다 큰 것에 ○표 하세요.

01

15 %　　70 %　　129 %　　40 %

02

132 %　　83 %　　45 %　　99 %

03

76 %　　21 %　　68 %　　124 %

개념 다지기 1

문장을 읽고 ○ 안에 >, =, <를 알맞게 쓰세요.

01

열차 한 대의 좌석이 400석일 때, 탑승자가 400명입니다.

➡ 탑승률 (=) 100 %

02

10명을 선발하는 오디션에 20명이 지원을 했습니다.

➡ 경쟁률 

03

공장에서 만든 휴대폰 300대 중에서 불량품이 6대입니다.

➡ 불량률 ○ 100 %

04

공연장의 객석은 200석인데 입장객이 250명입니다.

➡ 입장률  100 %

05

20 g짜리 반지에 순금이 15 g 포함되어 있습니다.

➡ 반지의 순금 함량 비율 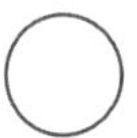 100 %

06

새싹 서점에 있는 수학책이 500권인데 한 달 동안 수학책 500권을 판매했습니다.

➡ 수학책의 한 달 판매율 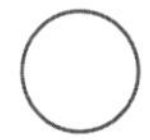 100 %

개념 다지기 2

빈칸을 알맞게 채우세요.

01

은영이네 반 학생은 30명입니다. 그중에서 오늘 출석한 학생이 27명일 때, 출석률은 몇 %일까요?

$$\frac{\boxed{27}}{30} \times 100 = \boxed{90}(\%)$$

02

상민이네 학교 축구부는 올해 16번의 경기에서 12번 이겼습니다. 올해 축구부의 승률은 몇 %일까요?

$$\frac{\square}{16} \times 100 = \square(\%)$$

03

학교 주차장에 차를 80대까지 주차할 수 있습니다. 주차된 차가 64대일 때, 주차장에 주차된 비율은 몇 %일까요?

$$\frac{\square}{80} \times 100 = \square(\%)$$

04

컴퓨터 자격증 시험의 응시자는 200명입니다. 합격자가 140명일 때, 합격률은 몇 %일까요?

$$\frac{\square}{200} \times \square = \square(\%)$$

05

어린이 버스 요금이 1000원이었는데 300원이 올랐습니다. 어린이 버스 요금의 인상률은 몇 %일까요?

$$\frac{300}{\square} \times \square = \square(\%)$$

06

지혜네 학교 6학년 학생 140명 중에서 77명이 독감 예방 접종을 했습니다. 이때, 독감 예방 접종률은 몇 %일까요?

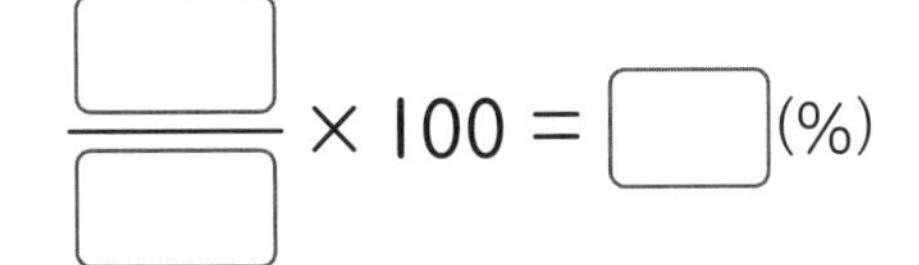

$$\frac{\square}{\square} \times 100 = \square(\%)$$

개념 마무리 1

물음에 답하세요.

01

지훈이네 학교 축구부는 8경기 중에서 6경기를 이겼습니다. 축구부의 승률은 몇 %일까요?

식 $\frac{6}{8} \times 100 = 75(\%)$ 답 75 %

02

공장에서 생산한 인형 400개 중에서 360개를 판매했습니다. 인형의 판매율은 몇 %일까요?

식 답

03

200명이 참가한 마라톤 대회에서 174명이 완주를 했습니다. 마라톤 대회에 참가한 사람들의 완주율은 몇 %일까요?

식 답

04

어느 리조트의 객실이 100개인데 휴가철에 모든 객실이 예약되었습니다. 이 리조트의 객실 예약률은 몇 %일까요?

식 답

05

수학 시험을 본 학생 300명 중에서 1번 문제를 틀린 학생이 60명일 때, 1번 문제의 오답률은 몇 %일까요?

식 답

06

제빵 자격시험에 150명이 응시했습니다. 합격자 수가 120명일 때, 합격률은 몇 %일까요?

식 답

▶ 정답 및 해설 25쪽

개념 마무리 2

표를 완성하고, 빈칸을 알맞게 채우세요.

01 체험 활동 장소에 찬성하는 학생 수를 조사했습니다.

	1반	2반
반 전체 학생 수(명)	22	25
찬성하는 학생 수(명)	11	19
찬성률(%)	50	76

2반 의 찬성률이 더 높습니다.

02 지수와 윤하는 농구 연습을 했습니다.

	지수	윤하
던진 횟수(회)	16	10
넣은 횟수(회)	12	7
골 성공률(%)		

_____ 의 골 성공률이 더 높습니다.

03 5학년과 6학년 학생들이 과학 캠프를 신청했습니다.

	5학년	6학년
전체 학생 수(명)	200	180
신청자 수(명)	190	162
신청률(%)		

_____ 의 신청률이 더 낮습니다.

04 진우네 팀과 준호네 팀의 축구 경기 기록입니다.

	진우네 팀	준호네 팀
경기 횟수(회)	30	35
이긴 횟수(회)	21	28
승률(%)		

_____ 네 팀의 승률이 더 낮습니다.

05 경수와 준서가 야구 연습을 했습니다.

	경수	준서
전체 타수(회)	25	20
안타 수(회)	19	12
타율(%)		

_____ 의 타율이 더 높습니다.

06 매스버스 웹사이트에서 온라인 평가를 진행한 결과입니다.

	진단 평가	학기 평가
응시자 수(명)	120	500
만점자 수(명)	54	430
만점률(%)		

_____ 의 만점률이 더 높습니다.

4 백분율을 사용한 진하기

게임에서 진 팀은
벌칙으로
소금물 마시기!

소금물 3컵 중에서
한 컵은 소금 비율이 높으니까
잘~선택해! 시작!!

꿀꺽
꿀꺽
우웩~
못 먹겠어!
소금물이 제일
적은 걸로 골랐는데
왜 이렇게 짠거야!!!

소금물의 진하기

소금물에 대한 소금의 비율 $= \dfrac{\text{소금의 양}}{\text{소금물의 양}}$

소금물 여러 개의 **진하기를 비교할 때~**

$\dfrac{30}{150}$	$\dfrac{30}{50}$	$\dfrac{9}{90}$
↓	↓	↓
20 %	**60 %**	**10 %**

➡ **백분율을 사용하면 편리해!**

$$\text{소금물의 진하기} = \frac{\text{소금의 양}}{\text{소금물의 양}} \times 100$$

(소금)+(물)

개념 익히기 1

진하기를 구하려고 합니다. 빈칸을 알맞게 채우세요.

01

물 120 g에 코코아 가루 40 g을 타서

핫초코 [160] g이 되었습니다.

핫초코 양에 대한 코코아 가루 양의 비율 → $\dfrac{40}{[160]}$

02

물 272 g에 소금 48 g을 섞어서

소금물 [ ] g이 되었습니다.

소금물 양에 대한 소금 양의 비율 → $\dfrac{48}{[\quad]}$

03

물 680 g에 카레 가루 170 g을 섞어서

카레 [ ] g이 되었습니다.

카레 양에 대한 카레 가루 양의 비율 → $\dfrac{170}{[\quad]}$

▶ 정답 및 해설 26쪽

2416

단맛의 정도, **설탕물의 진하기**를 비교해보자~

물 450 g에 설탕 50 g을 녹여서

설탕물 500 g이 되었습니다.

물 450 + 설탕 50 → 설탕물 500

설탕물의 진하기는,

$$\frac{50}{500} \times 100 = 10(\%)$$

물 70 g에 설탕 30 g을 녹여서

설탕물 100 g이 되었습니다.

물 70 + 설탕 30 → 설탕물 100

설탕물의 진하기는,

$$\frac{30}{100} \times 100 = 30(\%)$$

단맛이 더 진해요!

개념 익히기 2

진하기를 백분율로 나타내려고 합니다. 빈칸을 알맞게 채우세요.

01

소금물 40 g에 들어 있는 소금이 24 g일 때, 소금물의 진하기

$$\frac{\boxed{24}}{\boxed{40}} \times 100 = \square(\%)$$

02

설탕물 80 g에 들어 있는 설탕이 32 g일 때, 설탕물의 진하기

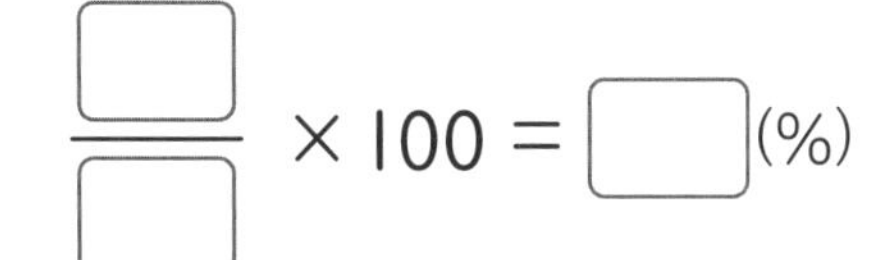

$$\frac{\square}{\square} \times 100 = \square(\%)$$

03

사과주스 120 g에 들어 있는 사과 원액이 18 g일 때, 사과주스의 진하기

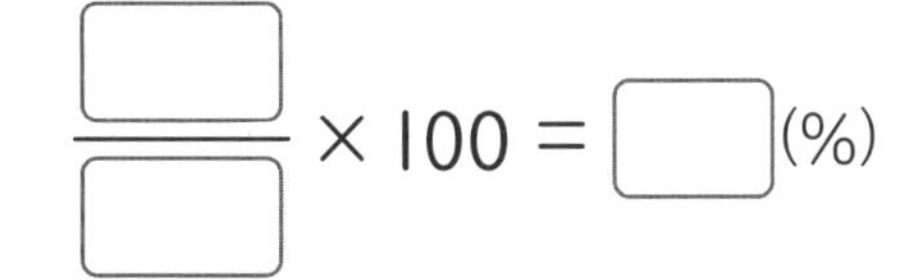

$$\frac{\square}{\square} \times 100 = \square(\%)$$

개념 다지기 1

문장을 읽고 빈칸을 알맞게 채우세요.

01 물 200 g에 녹차 가루 50 g을 섞어서 녹차를 만들었습니다.

녹차의 양

200 + 50 = 250 (g)

진하기

$\frac{50}{250} \times 100 = \square$ (%)

02 물 180 g에 소금 120 g을 녹여서 소금물을 만들었습니다.

소금물의 양

$180 + \square = \square$ (g)

진하기

$\frac{120}{\square} \times 100 = \square$ (%)

03 설탕 144 g을 물 256 g에 녹여서 설탕물을 만들었습니다.

설탕물의 양

$\square + \square = \square$ (g)

진하기

$\frac{144}{\square} \times 100 = \square$ (%)

04 코코아 가루 78 g과 물 182 g을 섞어서 핫초코를 만들었습니다.

핫초코의 양

$\square + \square = \square$ (g)

진하기

$\frac{78}{\square} \times 100 = \square$ (%)

05 물 120 g에 소금 40 g을 녹여서 소금물을 만들었습니다.

소금물의 양

$\square + \square = \square$ (g)

진하기

$\frac{\square}{\square} \times 100 = \square$ (%)

06 물 308 g에 설탕 42 g을 녹여서 설탕물을 만들었습니다.

설탕물의 양

$\square + \square = \square$ (g)

진하기

$\frac{\square}{\square} \times 100 = \square$ (%)

▶ 정답 및 해설 26쪽

개념 다지기 2

주어진 과일 원액을 사용하여 주스를 만들었습니다. 물음에 답하세요.

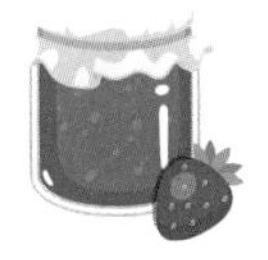

레몬 원액 180 mL　키위 원액 56 mL　딸기 원액 70 mL

01

물 81 mL에 포도 원액을 모두 섞어서 포도주스를 만들었습니다. 포도주스의 진하기는 몇 %일까요?

식 $81+54=135,\ \frac{54}{135}\times 100=40(\%)$　　답 40 %

02

물 130 mL에 딸기 원액을 모두 섞어서 딸기주스를 만들었습니다. 딸기주스의 진하기는 몇 %일까요?

식 ______________________　　답 ________

03

레몬 원액 전체와 물 220 mL를 섞어서 레몬주스를 만들었습니다. 레몬주스의 진하기는 몇 %일까요?

식 ______________________　　답 ________

04

키위 원액 전체와 물 224 mL를 섞어서 키위주스를 만들었습니다. 키위주스의 진하기는 몇 %일까요?

식 ______________________　　답 ________

개념 마무리 1

물에 소금을 넣어서 소금물을 만들었습니다. 물음에 답하세요.

이름	기헌	종민	세아	수진
소금의 양(g)	60	51	40	72
물의 양(g)	90	99	160	128
소금물의 양(g)	150			

01

소금을 가장 많이 넣은 사람은 누구일까요?

수진

02

표의 빈칸을 알맞게 채우세요.

03

기헌이가 만든 소금물의 진하기는 몇 %일까요?

04

수진이가 만든 소금물의 진하기는 몇 %일까요?

05

소금물을 가장 진하게 만든 사람은 누구일까요?

▶ 정답 및 해설 27쪽

개념 마무리 2

사다리타기를 할 때, 지나는 곳에 적힌 양만큼 꿀을 넣어서 꿀물을 만들었습니다. 꿀물이 진한 순서대로 1, 2, 3, 4, 5를 쓰세요.

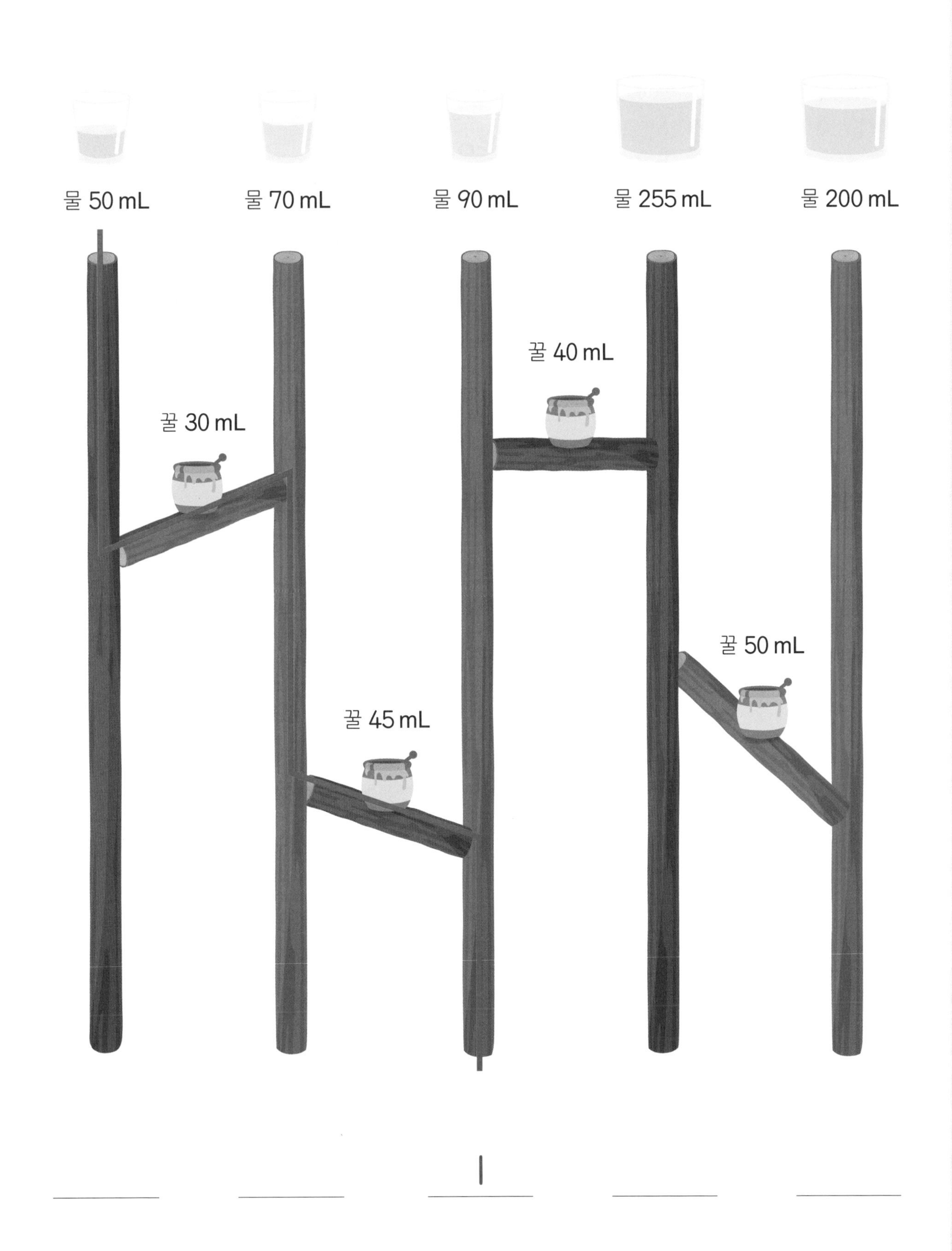

____ ____ 1 ____ ____

5 할인율

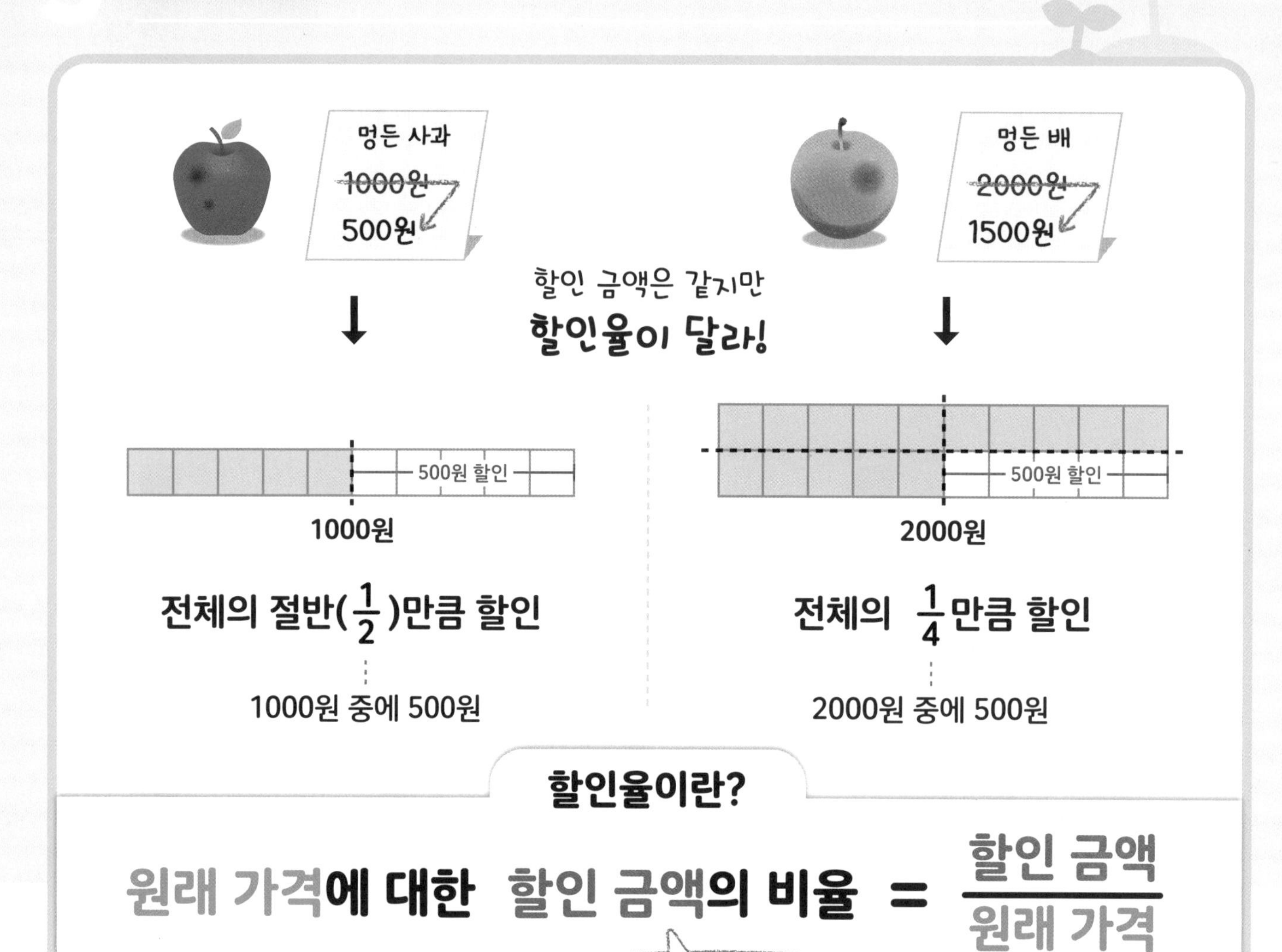

개념 익히기 1

원래 가격과 할인 후 가격을 보고 할인 금액을 구하세요.

01

- 원래 가격 3000원
- 할인 후 가격 2000원

➡ 할인 금액 1000 원

02

- 원래 가격 9000원
- 할인 후 가격 7500원

➡ 할인 금액 ______ 원

03

- 원래 가격 12000원
- 할인 후 가격 10000원

➡ 할인 금액 ______ 원

▶ 정답 및 해설 28쪽

할인율은 주로 백분율로 나타내~

$$\text{할인율} = \frac{\text{할인 금액}}{\text{원래 가격}} \times 100$$

사과의 할인율

- 원래 가격 1000원
- 할인 금액 1000 - 500 = 500원
- **할인율** $= \frac{500}{1000} \times 100$

  $= 50(\%)$

할인율이 더 크네!

배의 할인율

- 원래 가격 2000원
- 할인 금액 2000 - 1500 = 500원
- **할인율** $= \frac{500}{2000} \times 100$

  $= 25(\%)$

개념 익히기 2

할인율을 구할 때, 기준량에 □표, 비교하는 양에 △표 하세요.

01

[2000원]짜리 주스를 △500원△ 할인할 때의 할인율

02

아이스크림의 원래 가격이 7500원인데, 600원 할인했을 때의 할인율

03

5000원짜리 빵을 1200원 할인하여 3800원에 판매할 때의 할인율

개념 다지기 1

원래 가격에 대한 할인 금액의 비율을 구하려고 합니다. 빈칸을 알맞게 채우세요.

01

5000원에서 1000원을 할인하여 4000원에 물건을 팔 때 → $\frac{1000}{5000}$

02

3500원에서 700원을 할인하여 2800원에 물건을 팔 때 → $\frac{\square}{\square}$

03

8000원에서 2000원을 할인하여 6000원에 물건을 팔 때 → $\frac{\square}{\square}$

04

5500원짜리 방석을 할인하여 3300원에 팔 때 → $\frac{\square}{\square}$

05

6000원짜리 목도리를 할인하여 4800원에 팔 때 → $\frac{\square}{\square}$

06

7000원짜리 물병을 할인하여 5950원에 팔 때 → $\frac{\square}{\square}$

▶ 정답 및 해설 28쪽

개념 다지기 2

할인율을 구하려고 합니다. 빈칸을 알맞게 채우세요.

01

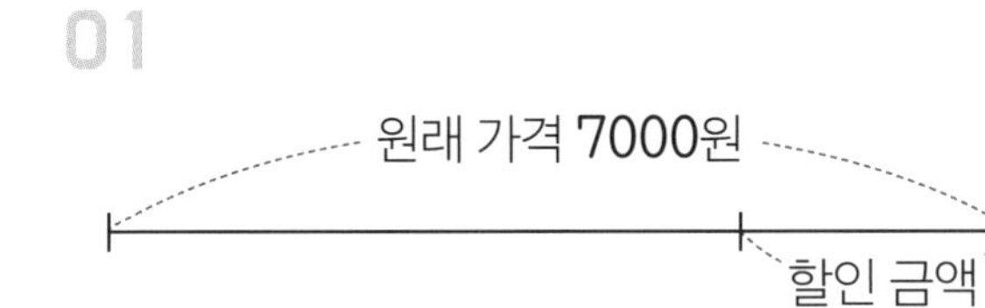

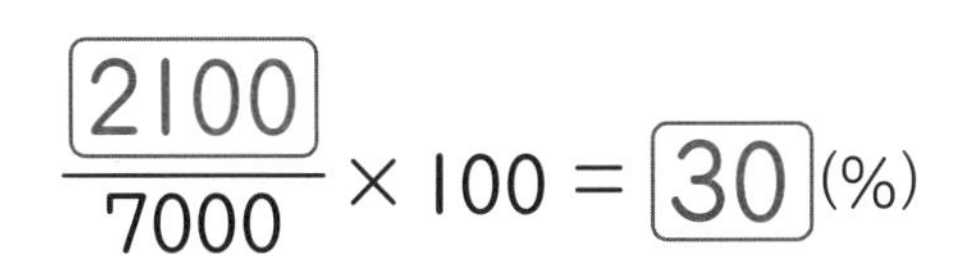

$\frac{\boxed{2100}}{7000} \times 100 = \boxed{30}$ (%)

02

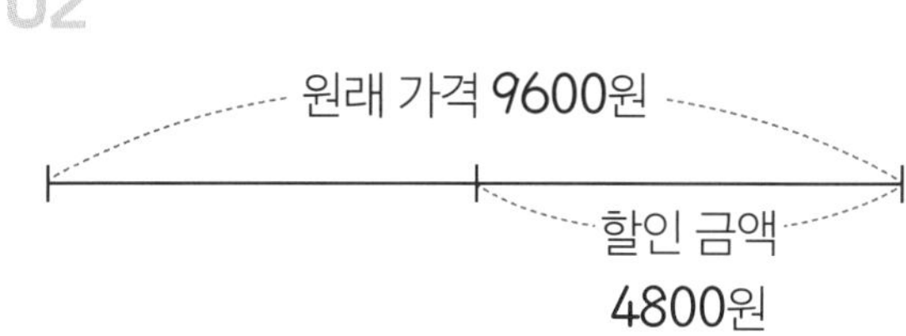

$\frac{\boxed{}}{9600} \times 100 = \boxed{}$ (%)

03

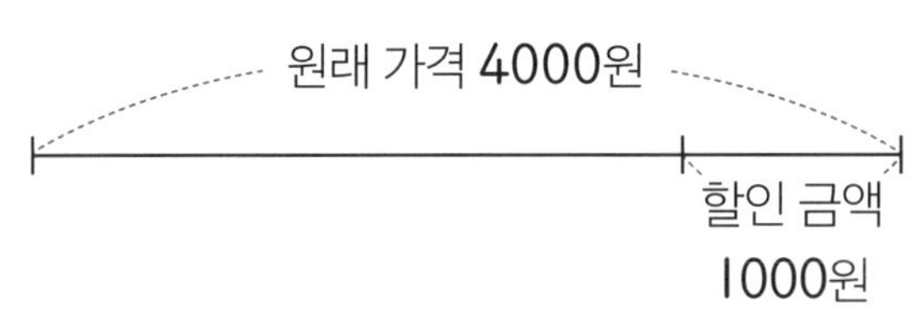

$\frac{\boxed{}}{4000} \times 100 = \boxed{}$ (%)

04

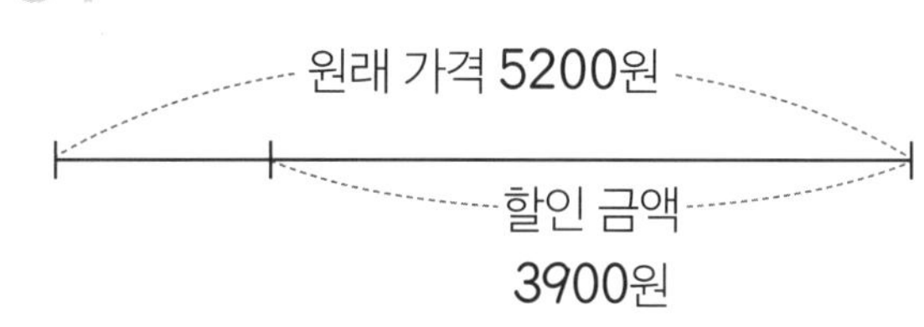

$\frac{\boxed{}}{5200} \times 100 = \boxed{}$ (%)

05

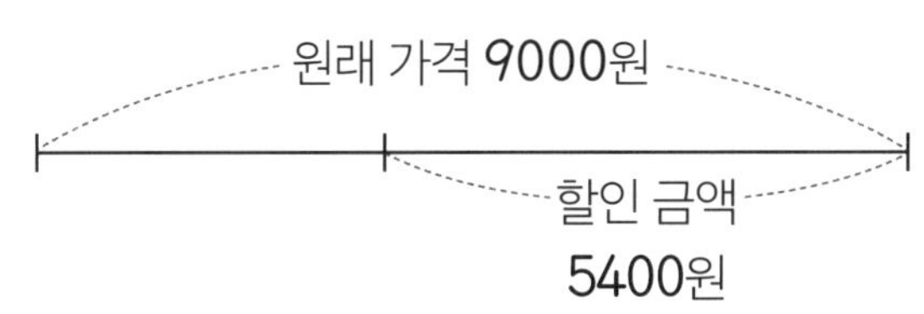

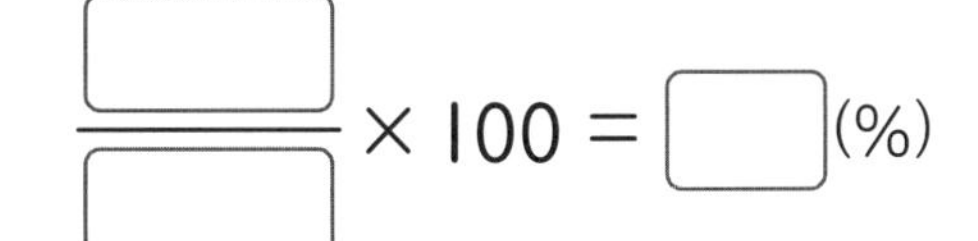

$\frac{\boxed{}}{\boxed{}} \times 100 = \boxed{}$ (%)

06

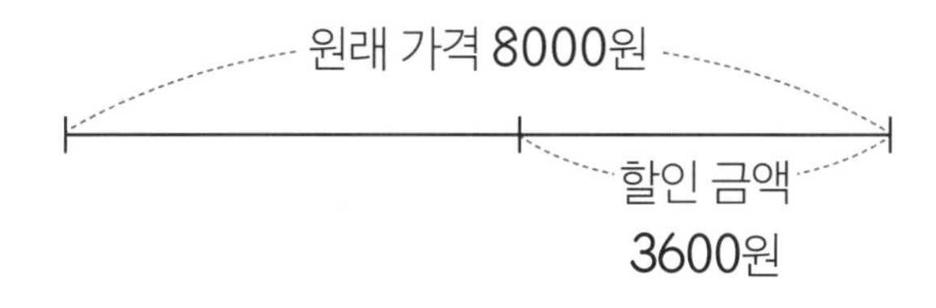

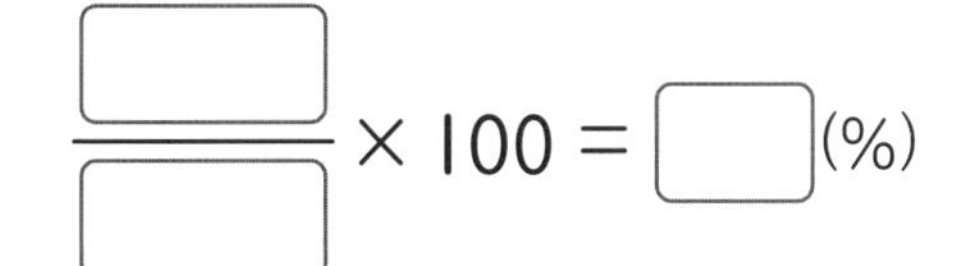

$\frac{\boxed{}}{\boxed{}} \times 100 = \boxed{}$ (%)

개념 마무리 1

물음에 답하세요.

01

꽃집에서 6000원짜리 화분을 할인하여 3900원에 판매합니다. 화분의 할인율은 몇 %일까요?

식 $6000-3900=2100,\ \dfrac{2100}{6000}\times 100=35(\%)$ 답 35 %

02

4000원짜리 아이스크림을 사는 데 1600원을 할인받았습니다. 아이스크림의 할인율은 몇 %일까요?

식 답

03

빵집에서 오후 8시 이후에는 모든 케이크를 1000원씩 할인합니다. 10000원짜리 케이크의 할인율은 몇 %일까요?

식 답

04

팔찌의 원래 가격이 7500원인데 할인하여 6000원에 판매 중입니다. 팔찌의 할인율은 몇 %일까요?

식 답

05

식물원 입장료가 2000원인데 할인을 받아서 1700원에 구매했습니다. 입장료의 할인율은 몇 %일까요?

식 답

06

서점에서 10000원인 수학책을 할인하여 9500원에 판매합니다. 수학책의 할인율은 몇 %일까요?

식 답

▶ 정답 및 해설 29쪽

개념 마무리 2

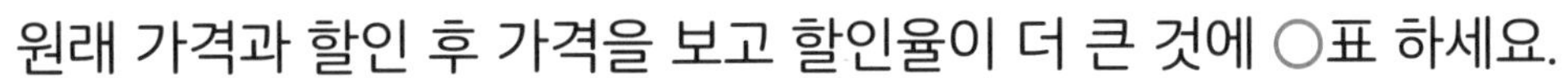

원래 가격과 할인 후 가격을 보고 할인율이 더 큰 것에 ○표 하세요.

6 득표율과 비율 그래프

전교 회장 선거에 200명이 투표를 했어요.

후보	㉮	㉯	무효표
득표수(표)	110	80	10

전체 투표수에 대한 득표수의 비율을 **백분율**로!

$$\text{득표율} = \frac{\text{득표수}}{\text{전체 투표수}} \times 100$$

㉮ 후보의 득표율

$\frac{110}{200} \times 100$

$= 55(\%)$

㉯ 후보의 득표율

$\frac{80}{200} \times 100$

$= 40(\%)$

무효표 백분율

$\frac{10}{200} \times 100$

$= 5(\%)$

개념 익히기 1

600명이 투표한 결과입니다. 표를 보고 빈칸을 알맞게 채우세요.

〈후보자별 득표수〉

후보	가	나	무효표
득표수(표)	198	390	12

01 가 후보의 득표율

$\frac{\boxed{198}}{600} \times 100$

$= \boxed{33}(\%)$

02 나 후보의 득표율

$\frac{390}{\square} \times 100$

$= \square(\%)$

03 무효표 백분율

$\frac{\square}{600} \times 100$

$= \square(\%)$

▶ 정답 및 해설 31쪽

비율 그래프 전체를 100 %로 보고 각 항목의 비율을 나타낸 그래프

☆ **띠그래프** : 전체에 대한 각 부분의 비율을 **띠** 모양에 나타낸 그래프

㉮ 후보 (55 %) | ㉯ 후보 (40 %) | 무효표 (5 %)

☆ **원그래프** : 전체에 대한 각 부분의 비율을 **원** 모양에 나타낸 그래프

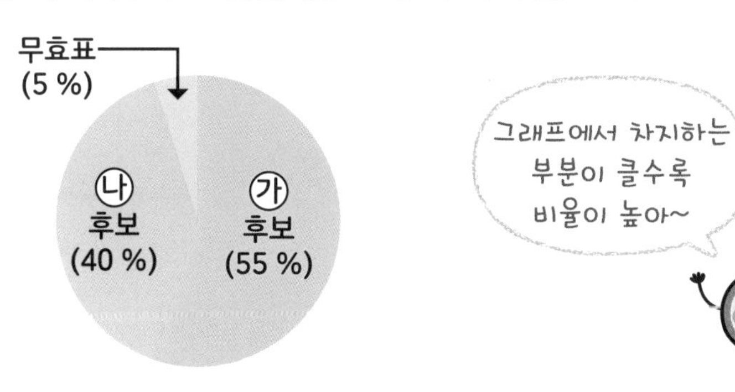

개념 익히기 2

빈칸을 알맞게 채우세요.

01

전체에 대한 각 부분의 비율을 띠 모양에 나타낸 그래프를 [띠그래프]라고 합니다.

02

전체에 대한 각 부분의 비율을 원 모양에 나타낸 그래프를 [ ]라고 합니다.

03

비율 그래프는 전체를 [ ] %로 보고 각 항목의 비율을 나타낸 그래프입니다.

7 띠그래프와 원그래프 나타내기

☆ 각 항목의 백분율을 알면, **비율 그래프**로 나타낼 수 있어요.

〈 반 친구들이 좋아하는 간식 〉

간식	떡볶이	과일	토스트	핫도그	합계
학생 수(명)	9	2	3	6	20
백분율(%)	45	10	15	30	100

백분율의 합이
100 %인지 확인!

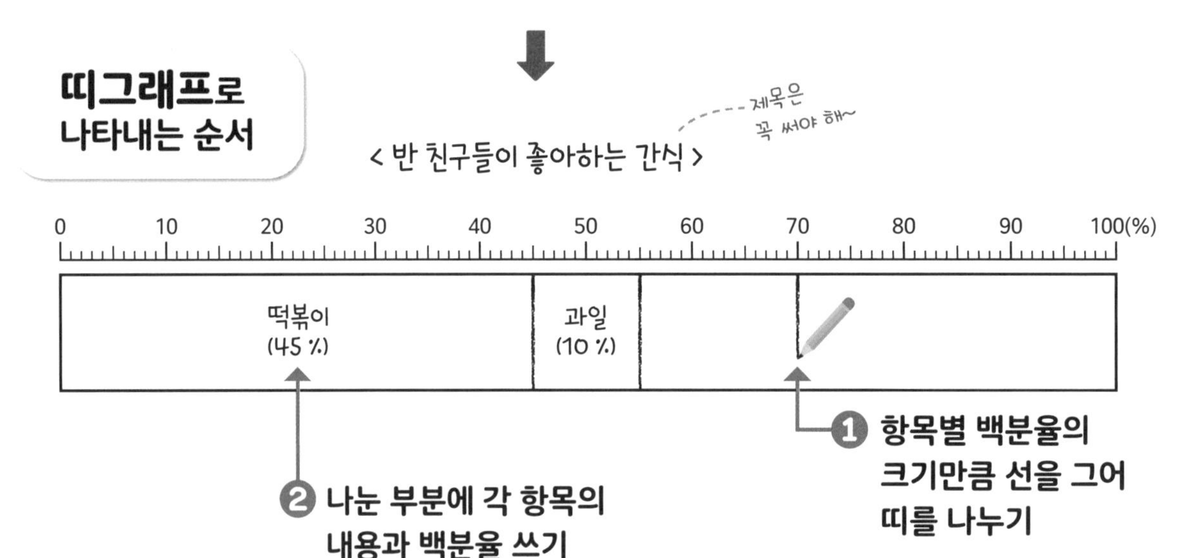

띠그래프로 나타내는 순서
< 반 친구들이 좋아하는 간식 >
제목은 꼭 써야 해~
0 10 20 30 40 50 60 70 80 90 100(%)
떡볶이 (45 %)
과일 (10 %)
❶ 항목별 백분율의 크기만큼 선을 그어 띠를 나누기
❷ 나눈 부분에 각 항목의 내용과 백분율 쓰기

개념 익히기 1

표를 보고 띠그래프를 완성하세요.

〈받고 싶은 선물별 학생 수〉

선물	스마트폰	게임기	장난감	문화상품권	합계
학생 수(명)	20	12	8	10	50
백분율(%)	40	24	16	20	100

〈받고 싶은 선물별 학생 수〉

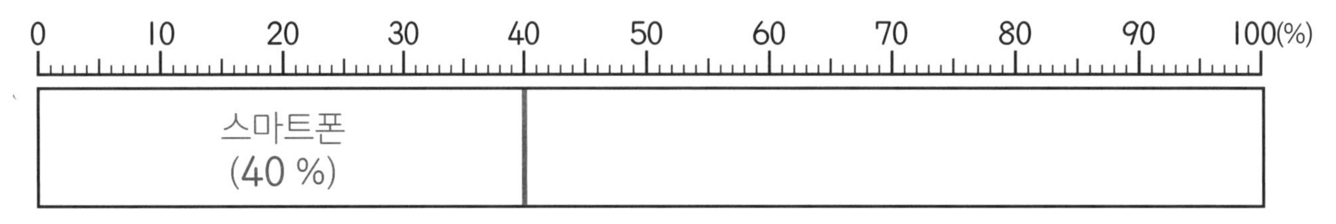

0 10 20 30 40 50 60 70 80 90 100(%)
스마트폰 (40 %)

▶ 정답 및 해설 31쪽

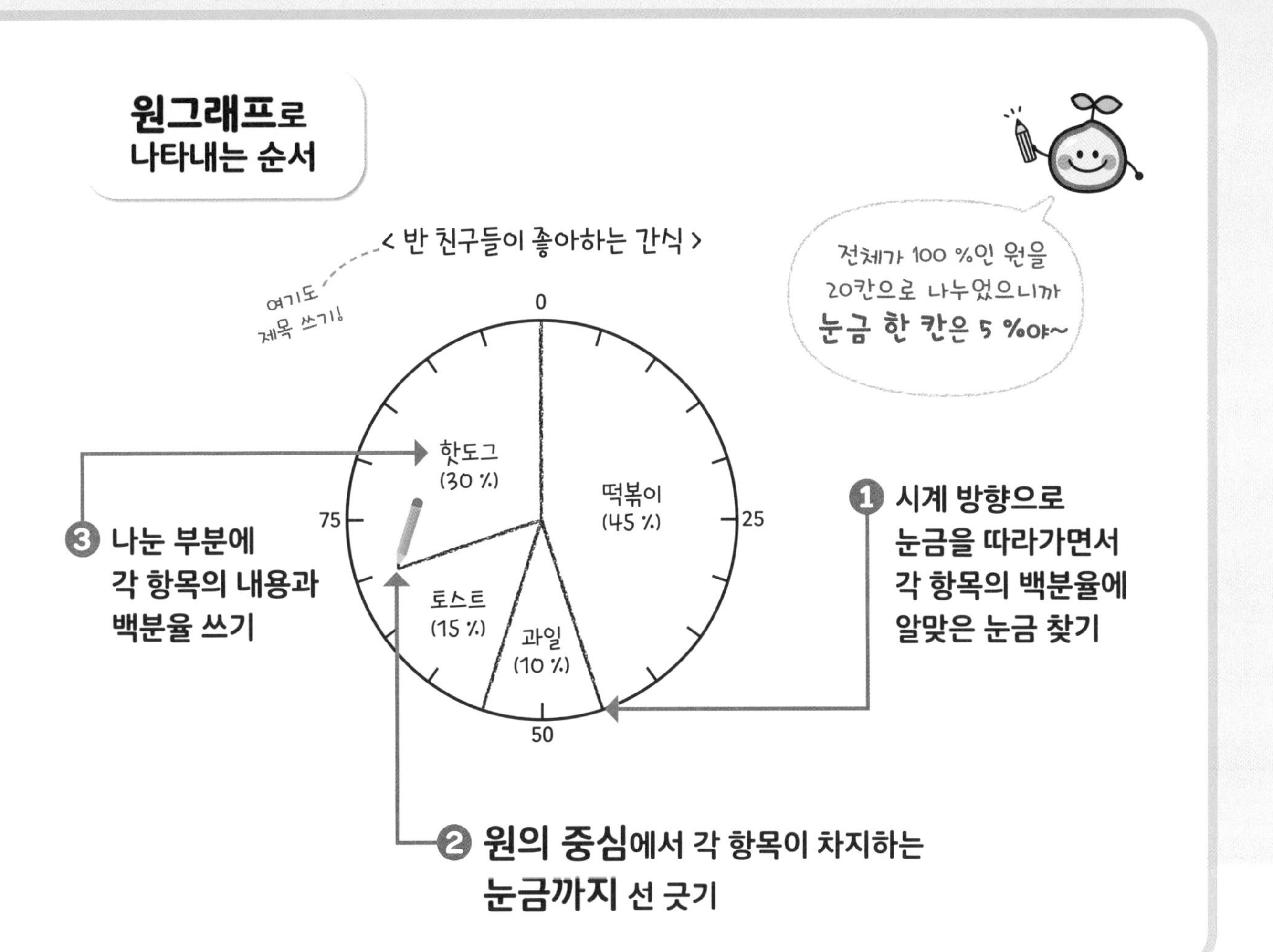

원그래프로
나타내는 순서
< 반 친구들이 좋아하는 간식 >
여기도 제목 쓰기!
전체가 100 %인 원을 20칸으로 나누었으니까 눈금 한 칸은 5 %야~
0
25
50
75
떡볶이 (45 %)
과일 (10 %)
토스트 (15 %)
핫도그 (30 %)
1 시계 방향으로 눈금을 따라가면서 각 항목의 백분율에 알맞은 눈금 찾기
2 원의 중심에서 각 항목이 차지하는 눈금까지 선 긋기
3 나눈 부분에 각 항목의 내용과 백분율 쓰기

개념 익히기 2

표를 보고 원그래프를 완성하세요.

〈좋아하는 운동별 학생 수〉

운동	학생 수(명)	백분율(%)
축구	8	20
농구	6	15
수영	20	50
배드민턴	6	15
합계	40	100

〈좋아하는 운동별 학생 수〉

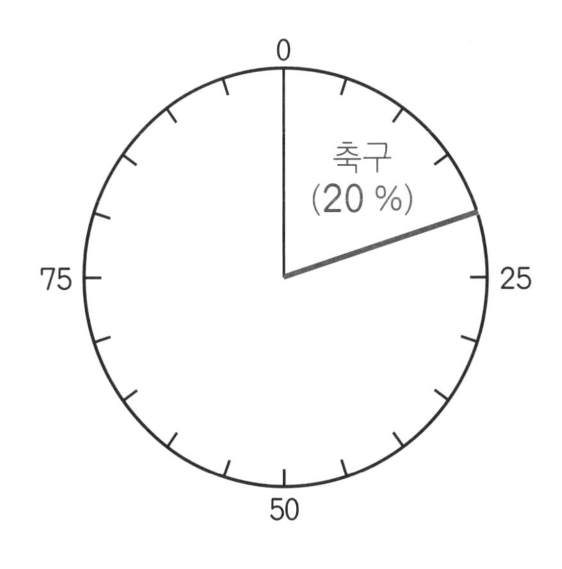

개념 다지기 1

마을 회장 선거 투표에 1500명이 참여했습니다. 물음에 답하세요.

〈후보자별 득표수〉

후보	가	나	다	무효표
득표수(표)	630	195	615	60

01

가 후보의 득표율은 몇 %일까요?

식 $\frac{630}{1500} \times 100 = 42(\%)$ 답 42 %

02

나 후보의 득표율은 몇 %일까요?

식 답

03

다 후보의 득표율은 몇 %일까요?

식 답

04

무효표는 전체의 몇 %일까요?

식 답

▶ 정답 및 해설 32쪽

개념 다지기 2

하온이네 반 학생들이 좋아하는 계절을 조사하여 표로 나타냈습니다.
물음에 답하세요.

〈좋아하는 계절별 학생 수〉

계절	봄	여름	가을	겨울	합계
학생 수(명)	11	6	5	3	25

01

여름을 좋아하는 학생 수는 전체의 몇 %일까요?

식 $\frac{6}{25} \times 100 = 24$ 답 24 %

02

가을을 좋아하는 학생 수는 전체의 몇 %일까요?

식 답

03

겨울을 좋아하는 학생 수는 전체의 몇 %일까요?

식 답

04

띠그래프를 완성하세요.

〈좋아하는 계절별 학생 수〉

0 10 20 30 40 50 60 70 80 90 100(%)

봄(44 %)	

개념 마무리 1

다현이네 학교 6학년 학생 120명의 혈액형을 조사하였습니다.
물음에 답하세요.

〈혈액형별 학생 수〉

혈액형	학생 수(명)
A형	54
B형	30
O형	24
AB형	

〈혈액형별 학생 수〉

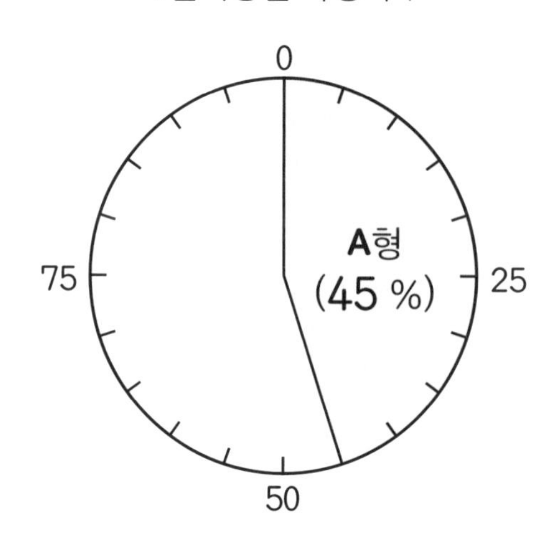

01

혈액형이 AB형인 학생은 몇 명일까요?

12명

02

혈액형이 B형인 학생 수는 전체의 몇 %일까요?

03

혈액형이 O형인 학생 수는 전체의 몇 %일까요?

04

혈액형이 AB형인 학생 수는 전체의 몇 %일까요?

05

위의 원그래프를 완성하세요.

▶ 정답 및 해설 32쪽

개념 마무리 2

한아네 학교 학생들의 장래 희망을 조사하였습니다. 물음에 답하세요.

〈장래 희망별 학생 수〉

장래 희망	운동선수	교사	의사	크리에이터	기타
학생 수(명)	160	80	100	40	20
백분율(%)	40	20			

01

전체 학생 수는 몇 명일까요?

400명

02

표의 빈칸을 채우세요.

03

표를 보고 띠그래프로 나타내세요.

〈장래 희망별 학생 수〉

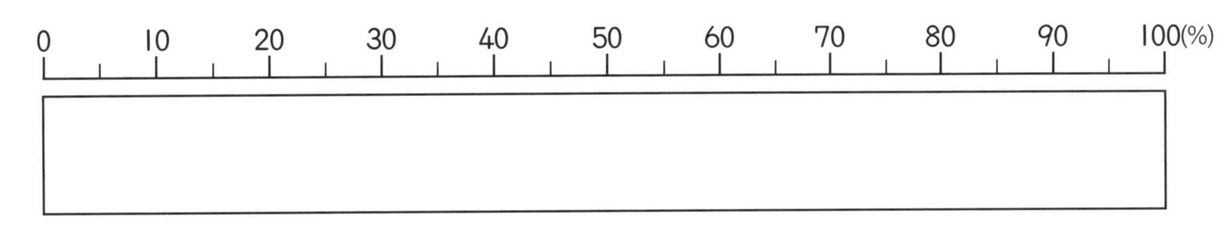

04

표를 보고 원그래프로 나타내세요.

〈장래 희망별 학생 수〉

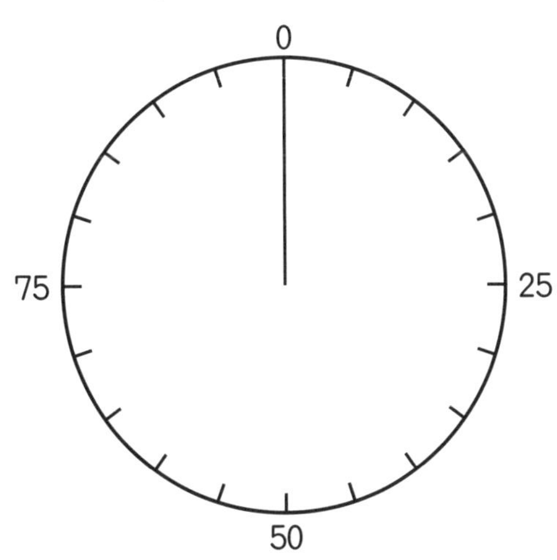

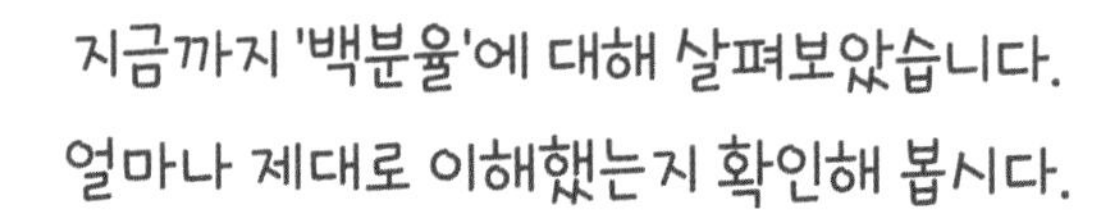

1

그림을 보고 전체 배터리에 대한 남은 배터리의 비율을 백분율로 나타내시오.

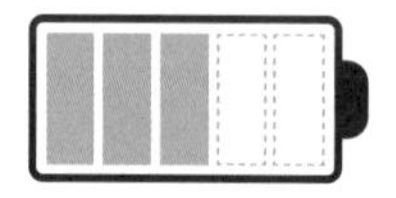

2

비율이 큰 순서대로 기호를 쓰시오.

㉠ 15 : 10　　㉡ 105 %　　㉢ $\frac{27}{30}$　　㉣ 0.99

3

떡집에서 오늘 아침에 떡 120개를 만들었는데 그중에서 96개가 팔렸습니다.
오늘 떡 판매율은 몇 %입니까?

4

바게트와 식빵 중에 어느 것의 할인율이 더 높은지 구하시오.

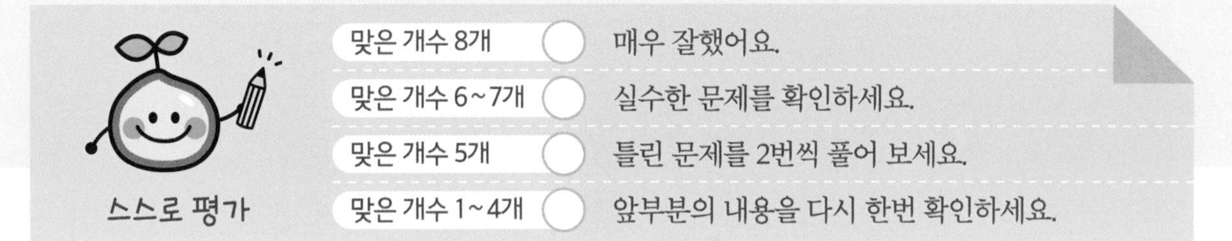

맞은 개수 8개
매우 잘했어요.
맞은 개수 6~7개
실수한 문제를 확인하세요.
맞은 개수 5개
틀린 문제를 2번씩 풀어 보세요.
맞은 개수 1~4개
앞부분의 내용을 다시 한번 확인하세요.
스스로 평가

▶ 정답 및 해설 35쪽

[5 - 6] 전교 학생 회장 선거에 600명이 투표했습니다. 표를 보고 물음에 답하시오.

〈후보자별 득표수〉

후보	하준	지훈	예은	무효표
득표수(표)	210	276	90	24
백분율(%)				

5

위의 표를 완성하시오.

6

표를 보고 띠그래프로 나타내시오.

〈후보자별 득표수〉

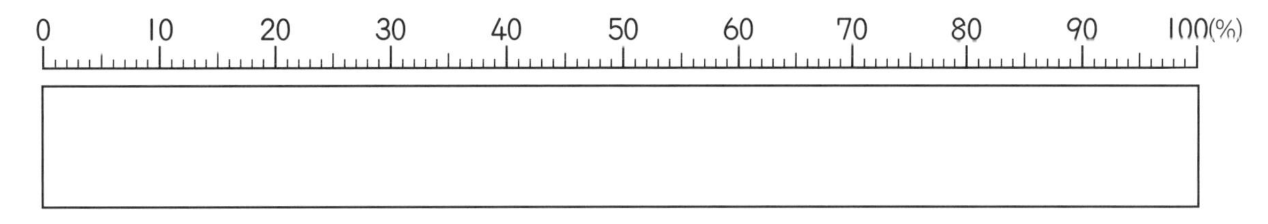

7

성은이는 소금 20 g을 물에 녹여서 소금물 170 g을 만들었습니다. 온유가 그 소금물에 소금 30 g을 더 넣었다면 소금물의 진하기는 몇 %입니까?

8

아이스크림 가게의 할인 쿠폰은 하루에 한 장만 사용할 수 있습니다. 12000원짜리 아이스크림을 살 때, 할인율이 더 큰 쿠폰의 기호를 쓰시오.

㉠ COUPON 3000원 할인

㉡ COUPON 30 % 할인

서술형으로 확인

▶ 정답 및 해설 36쪽

1 백분율이 무엇인지 설명해 보세요. (힌트 78쪽)

....

....

....

2 우리 주변에서 사용되는 백분율을 찾아 쓰세요. (힌트 90쪽)

....

....

3 원그래프로 나타내는 순서입니다. 문장을 완성해 보세요. (힌트 111쪽)

그래프의 제목을 쓰고,

① 시계 방향으로 눈금을 따라가면서 각 항목의 백분율에 알맞은 눈금 찾기

② 원의 중심에서 .... 까지 선 긋기

③ 나눈 부분에 .... 쓰기

잠깐! 서술형으로 쓰기 어려워? 그럼 앞에서 배운 걸 찾아보고 써도 좋아!

모기 물렸을 때 대처 유형 TOP 5!

설문 대상 : 키 수학학습방법연구소 모든 선생님

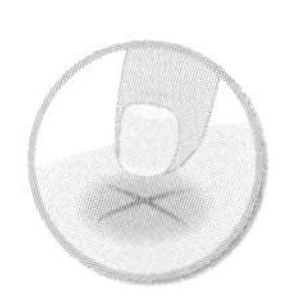

1 손톱으로 십자가 만들기 44 %

가려움을 잊도록 꼬집기도 한다!

2 약 바르기 26 %

모기약은 필수!

3 얼음 찜질 15 %

차가운 자극!

4 침 바르기 13 %

빠르고 간단하게~

5 기타 2 %

참기, 긁기, 두드리기

나는 어떤 유형인가요?

MEMO

정답 및 해설은 키출판사 홈페이지
(www.keymedia.co.kr)에서도
볼 수 있습니다.

교육 R&D에 앞서가는
키출판사

개념이 먼저다

정답 및 해설

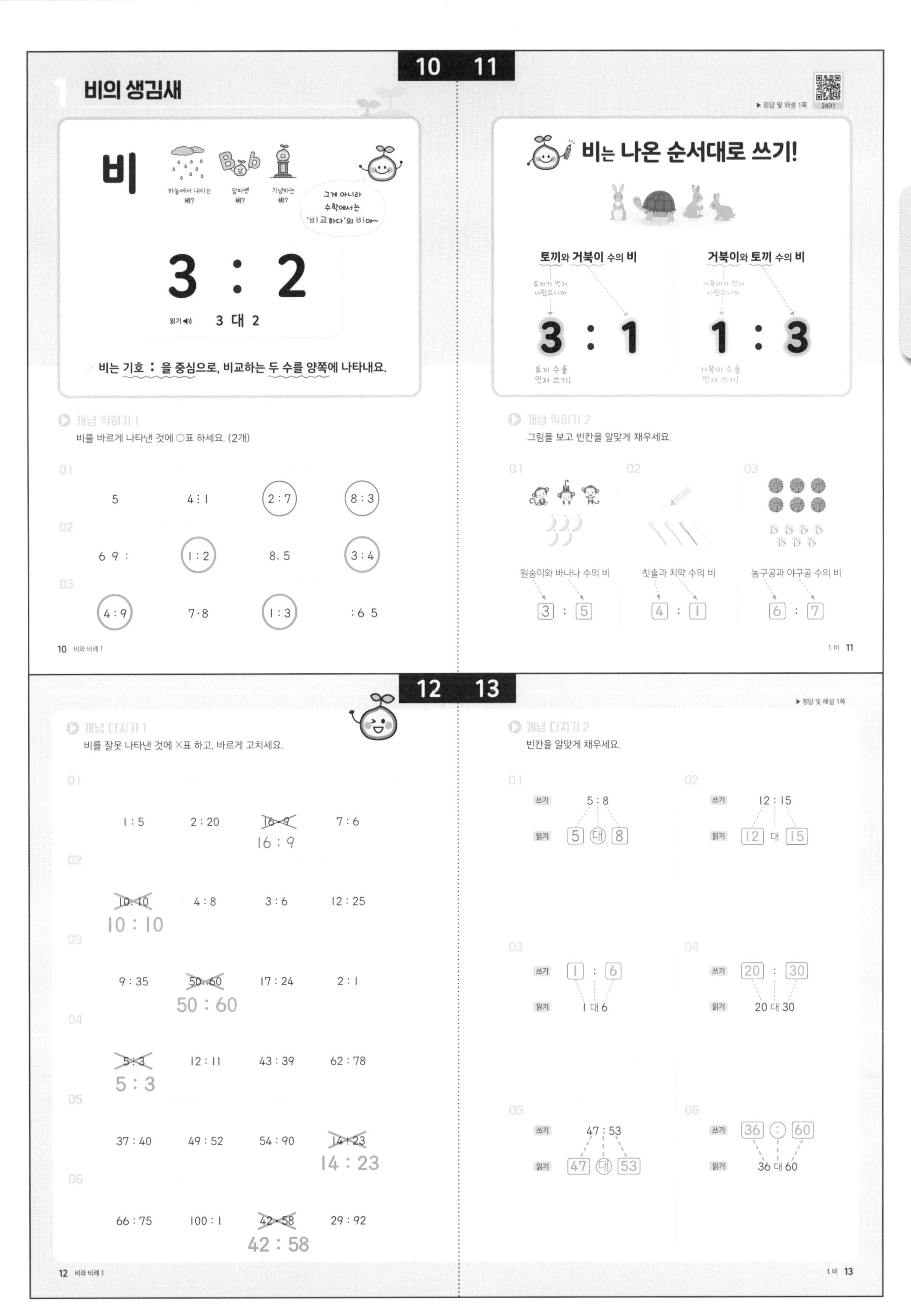
10 11
1 비의 생김새
비
하늘에서 내리는 비?
알파벳 비?
기념하는 비?
그게 아니라 수학에서는 '비교하다'의 비야~
3 : 2
읽기 3 대 2
비는 기호 : 을 중심으로, 비교하는 두 수를 양쪽에 나타내요.
▶ 정답 및 해설 1쪽
비는 나온 순서대로 쓰기!
토끼와 거북이 수의 비
토끼가 먼저 나왔으니까
3 : 1
토끼 수를 먼저 쓰기!
거북이와 토끼 수의 비
거북이가 먼저 나왔으니까
1 : 3
거북이 수를 먼저 쓰기!
개념 익히기 1
비를 바르게 나타낸 것에 ○표 하세요. (2개)
01 5 4 : 1 2 : 7 8 : 3
02 6 9 : 1 : 2 8, 5 3 : 4
03 4 : 9 7·8 1 : 3 : 6 5
개념 익히기 2
그림을 보고 빈칸을 알맞게 채우세요.
01 원숭이와 바나나 수의 비 3 : 5
02 칫솔과 치약 수의 비 4 : 1
03 농구공과 야구공 수의 비 6 : 7
10 비와 비례 1
1. 비 11
12 13
▶ 정답 및 해설 1쪽
개념 다지기 1
비를 잘못 나타낸 것에 ×표 하고, 바르게 고치세요.
01 1 : 5 2 : 20 16·9 7 : 6
16 : 9
02 10·10 4 : 8 3 : 6 12 : 25
10 : 10
03 9 : 35 50·60 17 : 24 2 : 1
50 : 60
04 5·3 12 : 11 43 : 39 62 : 78
5 : 3
05 37 : 40 49 : 52 54 : 90 14·23
14 : 23
06 66 : 75 100 : 1 42·58 29 : 92
42 : 58
개념 다지기 2
빈칸을 알맞게 채우세요.
01 쓰기 5 : 8 읽기 5 대 8
02 쓰기 12 : 15 읽기 12 대 15
03 쓰기 1 : 6 읽기 1 대 6
04 쓰기 20 : 30 읽기 20 대 30
05 쓰기 47 : 53 읽기 47 대 53
06 쓰기 36 : 60 읽기 36 대 60
12 비와 비례 1
1. 비 13

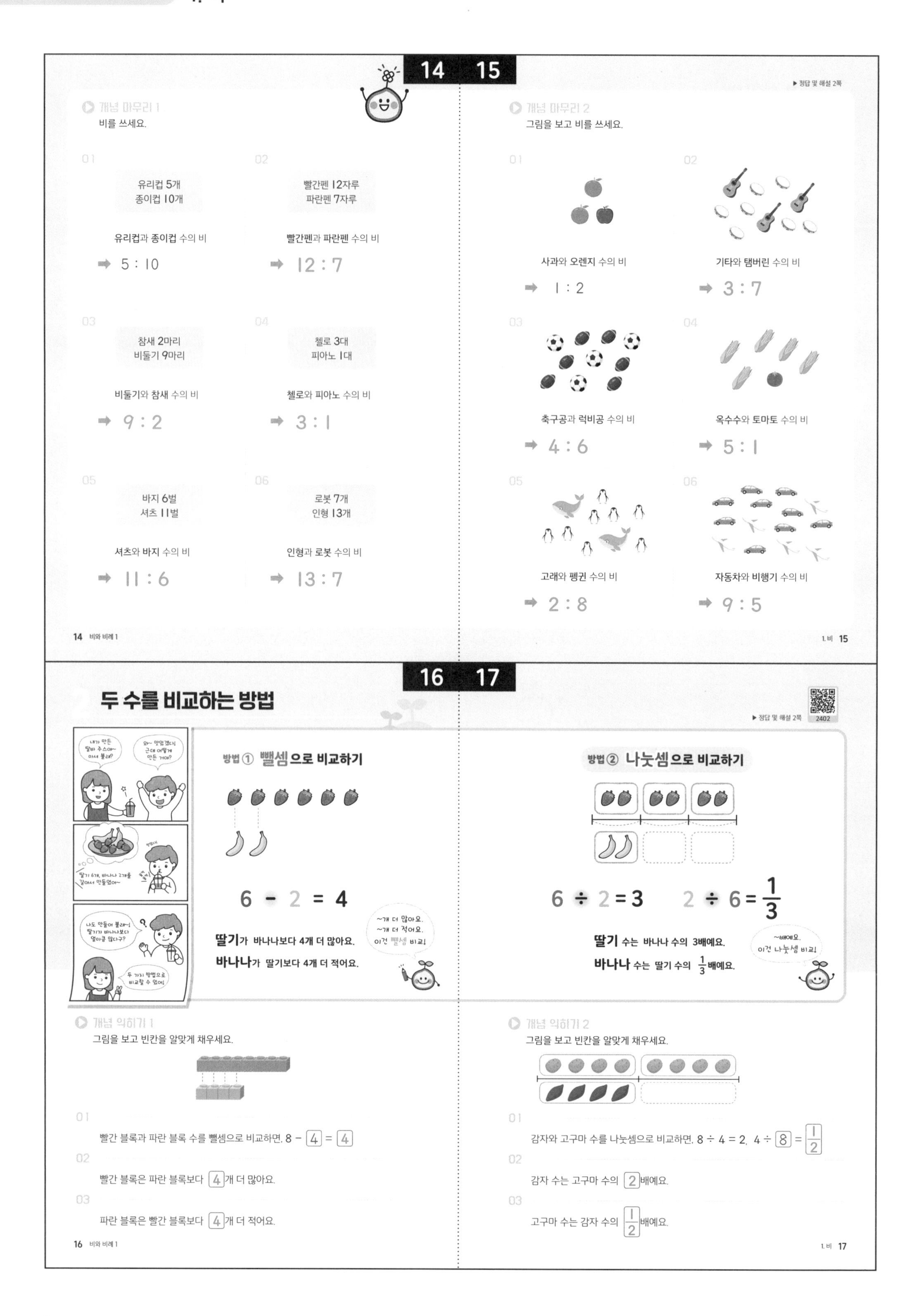

14 15

▶ 정답 및 해설 2쪽

개념 마무리 1

비를 쓰세요.

01 유리컵 5개 / 종이컵 10개

유리컵과 종이컵 수의 비

➡ 5 : 10

02 빨간펜 12자루 / 파란펜 7자루

빨간펜과 파란펜 수의 비

➡ 12 : 7

03 참새 2마리 / 비둘기 9마리

비둘기와 참새 수의 비

➡ 9 : 2

04 첼로 3대 / 피아노 1대

첼로와 피아노 수의 비

➡ 3 : 1

05 바지 6벌 / 셔츠 11벌

셔츠와 바지 수의 비

➡ 11 : 6

06 로봇 7개 / 인형 13개

인형과 로봇 수의 비

➡ 13 : 7

14 비와 비례 1

개념 마무리 2

그림을 보고 비를 쓰세요.

01 사과와 오렌지 수의 비

➡ 1 : 2

02 기타와 탬버린 수의 비

➡ 3 : 7

03 축구공과 럭비공 수의 비

➡ 4 : 6

04 옥수수와 토마토 수의 비

➡ 5 : 1

05 고래와 펭귄 수의 비

➡ 2 : 8

06 자동차와 비행기 수의 비

➡ 9 : 5

1. 비 15

16 17

두 수를 비교하는 방법

▶ 정답 및 해설 2쪽 2402

내가 만든 딸바 주스야~ 마셔 볼래?
와~ 맛있겠다! 근데 어떻게 만든 거야?
딸기 6개, 바나나 2개를 갈아서 만들었어~
나도 만들어 볼래~! 딸기가 바나나보다 얼마큼 많다구?
두 가지 방법으로 비교할 수 있어!

방법 ① 뺄셈으로 비교하기

6 - 2 = 4

딸기가 바나나보다 4개 더 많아요.

바나나가 딸기보다 4개 더 적어요.

~개 더 많아요.
~개 더 적어요.
이건 뺄셈 비교!

방법 ② 나눗셈으로 비교하기

$6 \div 2 = 3$ $2 \div 6 = \frac{1}{3}$

딸기 수는 바나나 수의 3배예요.

바나나 수는 딸기 수의 $\frac{1}{3}$배예요.

~배예요.
이건 나눗셈 비교!

개념 익히기 1

그림을 보고 빈칸을 알맞게 채우세요.

01 빨간 블록과 파란 블록 수를 뺄셈으로 비교하면, 8 − 4 = 4

02 빨간 블록은 파란 블록보다 4개 더 많아요.

03 파란 블록은 빨간 블록보다 4개 더 적어요.

16 비와 비례 1

개념 익히기 2

그림을 보고 빈칸을 알맞게 채우세요.

01 감자와 고구마 수를 나눗셈으로 비교하면, $8 \div 4 = 2$, $4 \div 8 = \frac{1}{2}$

02 감자 수는 고구마 수의 2배예요.

03 고구마 수는 감자 수의 $\frac{1}{2}$배예요.

1. 비 17

3 나눗셈 비교와 비

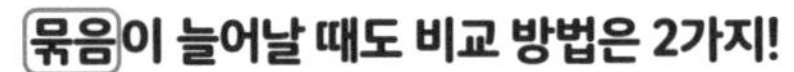

묶음이 늘어날 때도 비교 방법은 2가지!

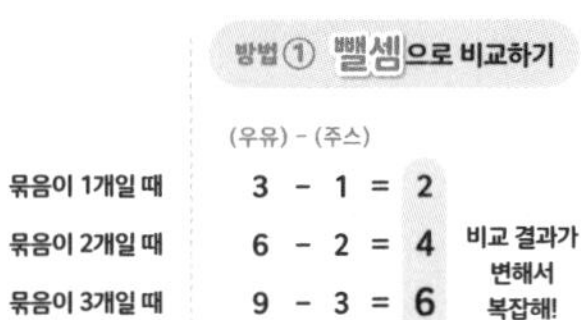

	방법① 뺄셈으로 비교하기 (우유) − (주스)		방법② 나눗셈으로 비교하기 (우유) ÷ (주스)	
묶음이 1개일 때	3 − 1 = 2	비교 결과가 변해서 복잡해!	3 ÷ 1 = 3	비교 결과가 안 변해서 간단해!
묶음이 2개일 때	6 − 2 = 4		6 ÷ 2 = 3	
묶음이 3개일 때	9 − 3 = 6		9 ÷ 3 = 3	
묶음이 4개일 때	12 − 4 = 8		12 ÷ 4 = 3	
⋮	⋮		⋮	

나눗셈으로 비교하면 편리하겠어~

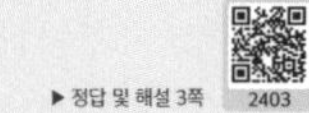

▶ 정답 및 해설 3쪽

나눗셈으로 비교한 것이 비!

(우유 수) ÷ (주스 수)

그대로 ↓ 그대로

(우유 수) : (주스 수)

비
두 수를 나눗셈으로 비교하기 위해 기호 **:**을 이용하여 나타낸 것

나눗셈 6 ÷ 2 ⇄ 6 : 2 비

개념 익히기 1

연필 4자루와 공책 2권이 한 묶음입니다. 빈칸을 알맞게 채우세요.

		뺄셈으로 비교하기 (연필) − (공책)	나눗셈으로 비교하기 (연필) ÷ (공책)
01	묶음이 1개일 때	4 − 2 = 2	4 ÷ 2 = 2
02	묶음이 2개일 때	8 − 4 = 4	8 ÷ 4 = 2
03	묶음이 3개일 때	12 − 6 = 6	12 ÷ 6 = 2

개념 익히기 2

나눗셈식을 보고 비를 쓰세요.

01 5 ÷ 7 ➡ 5 : 7

02 10 ÷ 2 ➡ 10 : 2

03 21 ÷ 3 ➡ 21 : 3

개념 다지기 1

그림을 보고 2가지 방법으로 비교할 때, 빈칸을 알맞게 채우세요.

01
12 ⊖ 3 = 9
➡ 알사탕은 막대사탕보다 9개 더 많아요.
12 ⊕ 3 = 4
➡ 알사탕 수는 막대사탕 수의 4배예요.

02
10 ⊖ 2 = 8
➡ 연필은 연필꽂이보다 8개 더 많아요.
10 ÷ 2 = 5
➡ 연필 수는 연필꽂이 수의 5배예요.

03
14 − 7 = 7
➡ 야구공은 방망이보다 7개 더 많아요.
14 ÷ 7 = 2
➡ 야구공 수는 방망이 수의 2배예요.

04
12 − 4 = 8
➡ 김밥은 유부초밥보다 8개 더 많아요.
12 ÷ 4 = 3
➡ 김밥 수는 유부초밥 수의 3배예요.

▶ 정답 및 해설 3쪽

개념 다지기 2

표를 완성하고, 괄호 안에서 알맞은 것에 ○표 하세요.

01

상자 수	1	2	3	4
초콜릿 수(개)	3	6	9	12
사탕 수(개)	5	10	15	20
(사탕 수) − (초콜릿 수)	2	4	6	8

➡ 뺄셈으로 비교하면 계산 결과가 (변해요 , 안 변해요). — 답: 변해요

02

모둠 수	1	2	3	4
학생 수(명)	4	8	12	16
손전등 수(개)	2	4	6	8
(학생 수) ÷ (손전등 수)	2	2	2	2

➡ 나눗셈으로 비교하면 계산 결과가 (변해요 , 안 변해요). — 답: 안 변해요

03

과일바구니 수	1	2	3	4
망고 수(개)	4	8	12	16
복숭아 수(개)	1	2	3	4
(망고 수) − (복숭아 수)	3	6	9	12

➡ 뺄셈으로 비교하면 계산 결과가 (변해요 , 안 변해요). — 답: 변해요

04

접시 수	1	2	3	4
꿀떡 수(개)	6	12	18	24
인절미 수(개)	2	4	6	8
(꿀떡 수) ÷ (인절미 수)	3	3	3	3

➡ 나눗셈으로 비교하면 계산 결과가 (변해요 , 안 변해요). — 답: 안 변해요

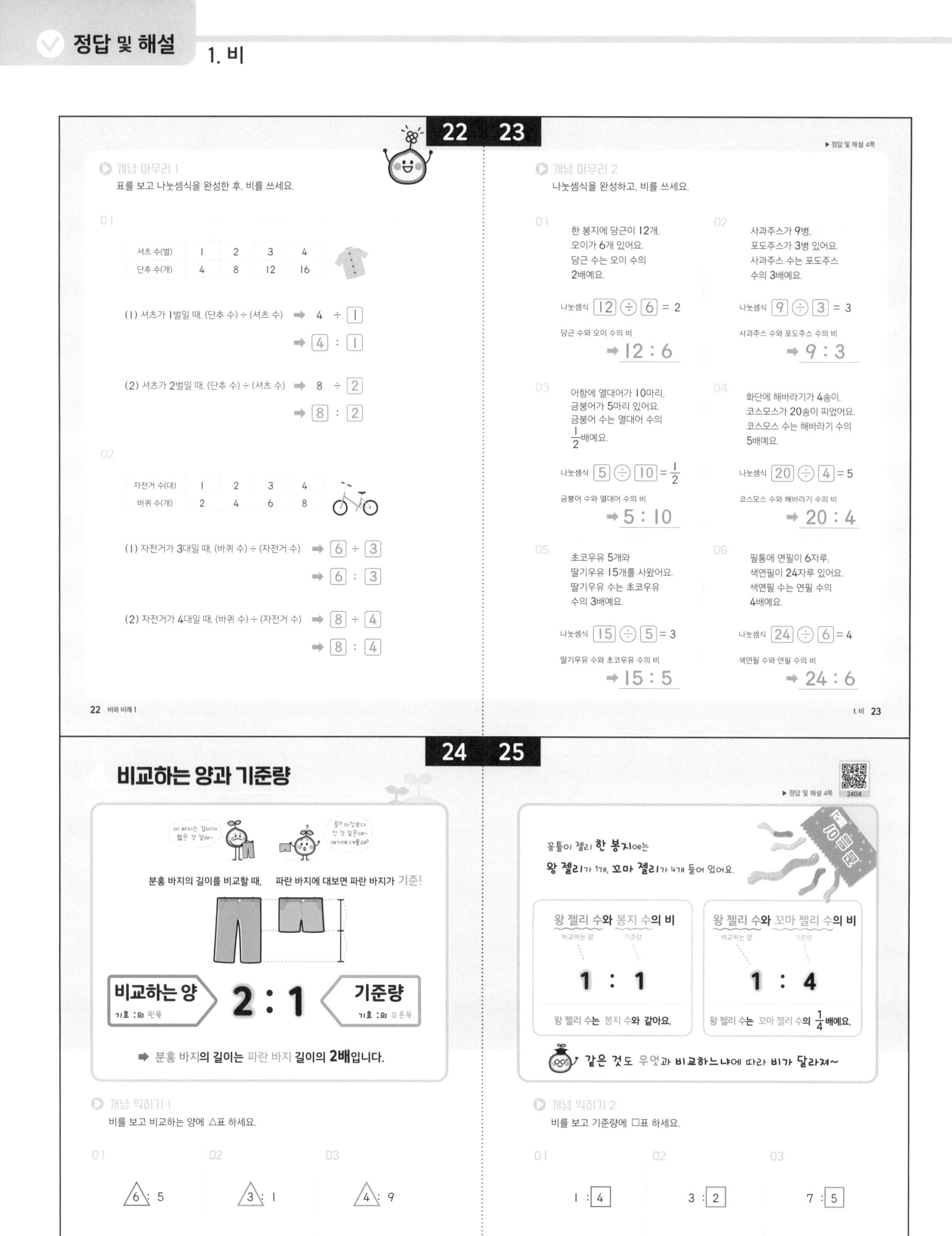

22 23

▶ 정답 및 해설 4쪽

개념 마무리 1

표를 보고 나눗셈식을 완성한 후, 비를 쓰세요.

01

셔츠 수(벌)	1	2	3	4
단추 수(개)	4	8	12	16

(1) 셔츠가 1벌일 때, (단추 수) ÷ (셔츠 수) ➡ 4 ÷ 1 ➡ 4 : 1

(2) 셔츠가 2벌일 때, (단추 수) ÷ (셔츠 수) ➡ 8 ÷ 2 ➡ 8 : 2

02

자전거 수(대)	1	2	3	4
바퀴 수(개)	2	4	6	8

(1) 자전거가 3대일 때, (바퀴 수) ÷ (자전거 수) ➡ 6 ÷ 3 ➡ 6 : 3

(2) 자전거가 4대일 때, (바퀴 수) ÷ (자전거 수) ➡ 8 ÷ 4 ➡ 8 : 4

22 비와 비례 1

개념 마무리 2

나눗셈식을 완성하고, 비를 쓰세요.

01 한 봉지에 당근이 12개, 오이가 6개 있어요. 당근 수는 오이 수의 2배예요.

나눗셈식 12 ÷ 6 = 2

당근 수와 오이 수의 비 ➡ 12 : 6

02 사과주스가 9병, 포도주스가 3병 있어요. 사과주스 수는 포도주스 수의 3배예요.

나눗셈식 9 ÷ 3 = 3

사과주스 수와 포도주스 수의 비 ➡ 9 : 3

03 어항에 열대어가 10마리, 금붕어가 5마리 있어요. 금붕어 수는 열대어 수의 $\frac{1}{2}$배예요.

나눗셈식 5 ÷ 10 = $\frac{1}{2}$

금붕어 수와 열대어 수의 비 ➡ 5 : 10

04 화단에 해바라기가 4송이, 코스모스가 20송이 피었어요. 코스모스 수는 해바라기 수의 5배예요.

나눗셈식 20 ÷ 4 = 5

코스모스 수와 해바라기 수의 비 ➡ 20 : 4

05 초코우유 5개와 딸기우유 15개를 사왔어요. 딸기우유 수는 초코우유 수의 3배예요.

나눗셈식 15 ÷ 5 = 3

딸기우유 수와 초코우유 수의 비 ➡ 15 : 5

06 필통에 연필이 6자루, 색연필이 24자루 있어요. 색연필 수는 연필 수의 4배예요.

나눗셈식 24 ÷ 6 = 4

색연필 수와 연필 수의 비 ➡ 24 : 6

1. 비 23

24 25

비교하는 양과 기준량

➡ 분홍 바지의 길이는 파란 바지 길이의 2배입니다.

개념 익히기 1

비를 보고 비교하는 양에 △표 하세요.

01 △6 : 5　02 △3 : 1　03 △4 : 9

24 비와 비례 1

▶ 정답 및 해설 4쪽

2404

꿈틀이 젤리 한 봉지에는 왕 젤리가 1개, 꼬마 젤리가 4개 들어 있어요.

왕 젤리 수와 봉지 수의 비
비교하는 양 기준량
1 : 1
왕 젤리 수는 봉지 수와 같아요.
왕 젤리 수와 꼬마 젤리 수의 비
비교하는 양 기준량
1 : 4
왕 젤리 수는 꼬마 젤리 수의 $\frac{1}{4}$배예요.
같은 것도 무엇과 비교하느냐에 따라 비가 달라져~

개념 익히기 2

비를 보고 기준량에 □표 하세요.

01 1 : □4　02 3 : □2　03 7 : □5

1. 비 25

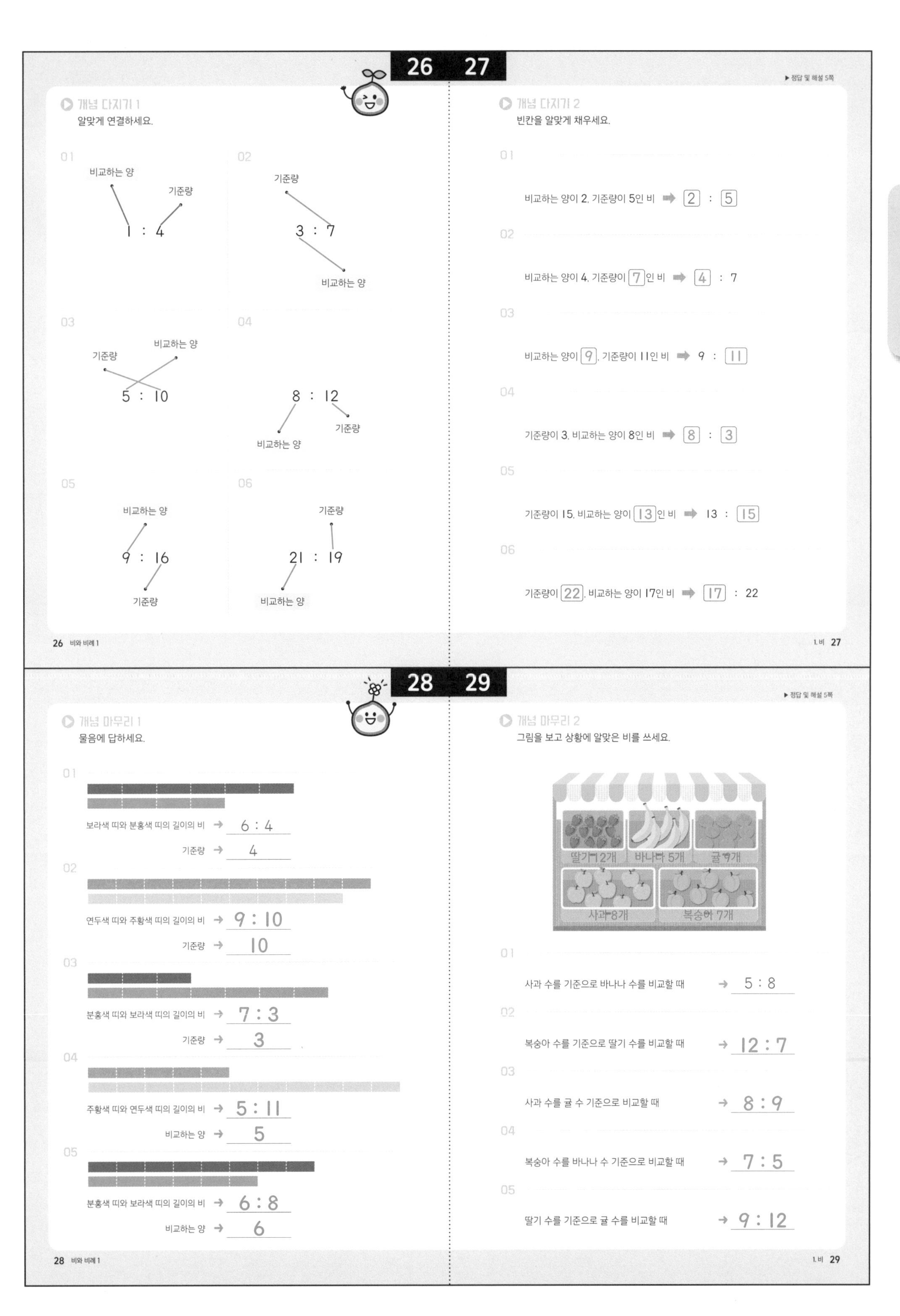

26 27

▶ 정답 및 해설 5쪽

개념 다지기 1

알맞게 연결하세요.

01 1 : 4 (1 — 비교하는 양, 4 — 기준량)

02 3 : 7 (3 — 비교하는 양, 7 — 기준량)

03 5 : 10 (5 — 비교하는 양, 10 — 기준량)

04 8 : 12 (8 — 비교하는 양, 12 — 기준량)

05 9 : 16 (9 — 비교하는 양, 16 — 기준량)

06 21 : 19 (21 — 비교하는 양, 19 — 기준량)

26 비와 비례 1

개념 다지기 2

빈칸을 알맞게 채우세요.

01 비교하는 양이 2, 기준량이 5인 비 ➡ 2 : 5

02 비교하는 양이 4, 기준량이 7인 비 ➡ 4 : 7

03 비교하는 양이 9, 기준량이 11인 비 ➡ 9 : 11

04 기준량이 3, 비교하는 양이 8인 비 ➡ 8 : 3

05 기준량이 15, 비교하는 양이 13인 비 ➡ 13 : 15

06 기준량이 22, 비교하는 양이 17인 비 ➡ 17 : 22

1. 비 27

28 29

▶ 정답 및 해설 5쪽

개념 마무리 1

물음에 답하세요.

01 보라색 띠와 분홍색 띠의 길이의 비 → 6 : 4

기준량 → 4

02 연두색 띠와 주황색 띠의 길이의 비 → 9 : 10

기준량 → 10

03 분홍색 띠와 보라색 띠의 길이의 비 → 7 : 3

기준량 → 3

04 주황색 띠와 연두색 띠의 길이의 비 → 5 : 11

비교하는 양 → 5

05 분홍색 띠와 보라색 띠의 길이의 비 → 6 : 8

비교하는 양 → 6

28 비와 비례 1

개념 마무리 2

그림을 보고 상황에 알맞은 비를 쓰세요.

딸기 12개, 바나나 5개, 귤 9개, 사과 8개, 복숭아 7개

01 사과 수를 기준으로 바나나 수를 비교할 때 → 5 : 8

02 복숭아 수를 기준으로 딸기 수를 비교할 때 → 12 : 7

03 사과 수를 귤 수 기준으로 비교할 때 → 8 : 9

04 복숭아 수를 바나나 수 기준으로 비교할 때 → 7 : 5

05 딸기 수를 기준으로 귤 수를 비교할 때 → 9 : 12

1. 비 29

30 31

5 비를 읽는 여러 가지 방법

멍멍이~
바둑이~
댕댕이~
이름은 하나인데~ 별명은 여러 개~♬
비를 읽는 방법도 여러 개~♬

비를 읽는 다른 방법

2 : 3
2 대 3

- 2와 3의 비
- 2의 3에 대한 비
- 3에 대한 2의 비

'에 대한' 앞의 수가 기준량이야~

▶ 정답 및 해설 6쪽

2405

여러 가지 비로 나타내기

한 상자에 마카롱이
초코맛 2개, 딸기맛 6개
전체는 8개!
초코맛과 딸기맛의 비
2 : 6

초코맛의 (전체)에 대한 비 → 2 : 8

(전체)에 대한 딸기맛의 비 → 6 : 8

기준량을 쉽게 알아내는 방법!
➡ '에 대한'에 밑줄을 긋고, 바로 앞에 ○표 하기

개념 익히기 1
비를 읽는 여러 가지 방법입니다. 빈칸을 알맞게 채우세요.

01 4 : 9
4와 [9]의 비
4의 [9]에 대한 비
[9]에 대한 4의 비

02 8 : 7
8과 [7]의 비
8의 [7]에 대한 비
[7]에 대한 8의 비

03 5 : 6
5와 [6]의 비
5의 [6]에 대한 비
[6]에 대한 5의 비

개념 익히기 2
'에 대한'에 밑줄을 긋고, 기준량에 ○표 하세요.

01 (3)에 대한 1의 비

02 5의 (7)에 대한 비

03 (10)에 대한 20의 비

30 비와 비례 1   1. 비 31

32 33

▶ 정답 및 해설 6쪽

개념 다지기 1
기준량에 ○표 하고, 비를 쓰세요.

01 (9)에 대한 20의 비 ➡ [20] : [9]

02 11의 (5)에 대한 비 ➡ [11] : [5]

03 (13)에 대한 4의 비 ➡ [4] : [13]

04 (30)에 대한 19의 비 ➡ [19] : [30]

05 17의 (8)에 대한 비 ➡ [17] : [8]

06 (25)에 대한 6의 비 ➡ [6] : [25]

개념 다지기 2
빈칸을 알맞게 채우세요.

01 9 : 7
[9]의 [7]에 대한 비
[7]에 대한 [9]의 비

02 2 : 8
[2]와 [8]의 비
[2]의 [8]에 대한 비

03 1 : 10
[1]의 [10]에 대한 비
[1]과 [10]의 비

04 5 : 12
[5] 대 [12]
[12]에 대한 [5]의 비

05 4 : 17
[17]에 대한 [4]의 비
[4]의 [17]에 대한 비

06 23 : 13
[23]의 [13]에 대한 비
[23]과 [13]의 비

32 비와 비례 1   1. 비 33

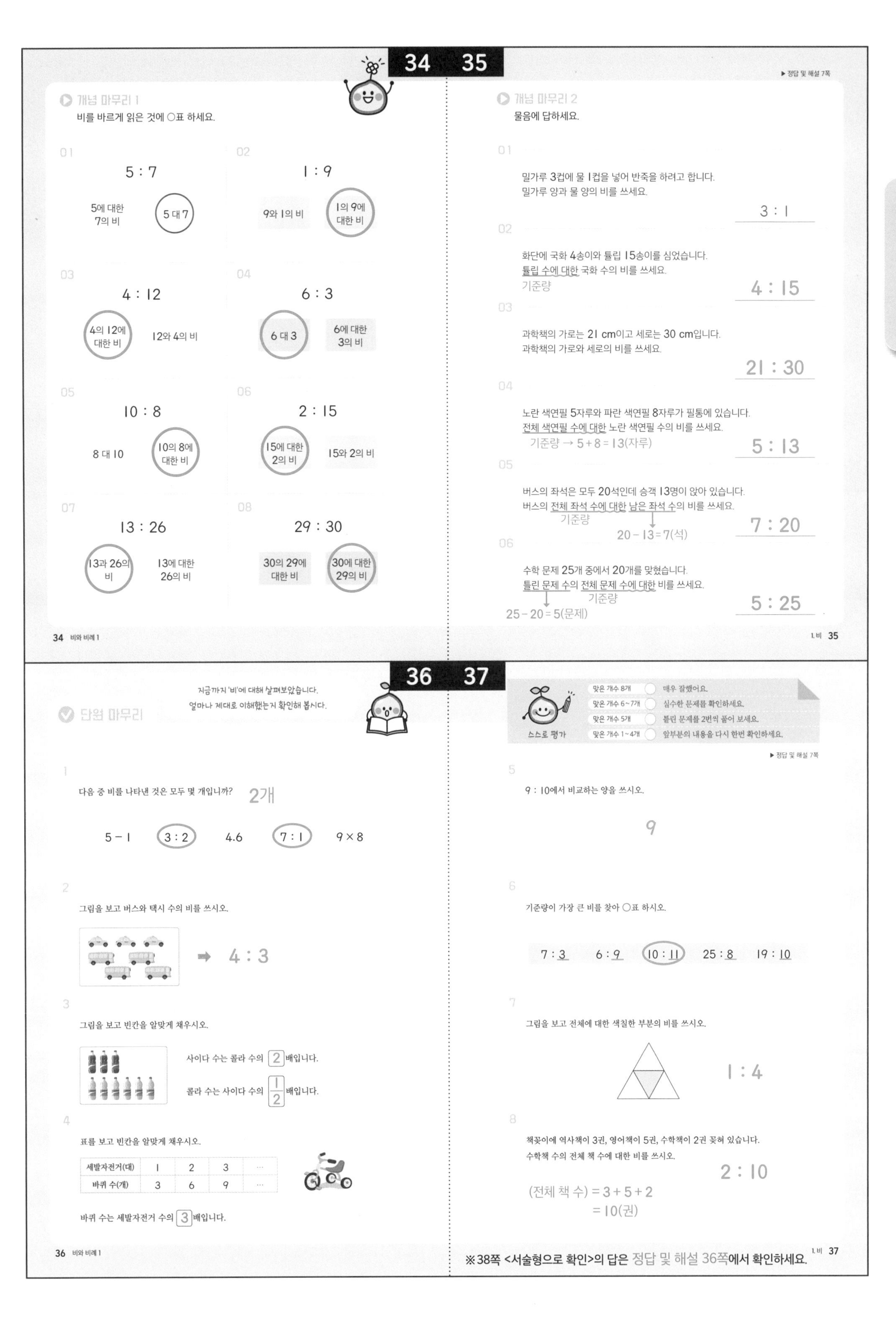

34 35

▶ 정답 및 해설 7쪽

개념 마무리 1

비를 바르게 읽은 것에 ○표 하세요.

01 5 : 7 — 5에 대한 7의 비 / (5 대 7)

02 1 : 9 — 9와 1의 비 / (1의 9에 대한 비)

03 4 : 12 — (4의 12에 대한 비) / 12와 4의 비

04 6 : 3 — (6 대 3) / 6에 대한 3의 비

05 10 : 8 — 8 대 10 / (10의 8에 대한 비)

06 2 : 15 — (15에 대한 2의 비) / 15와 2의 비

07 13 : 26 — (13과 26의 비) / 13에 대한 26의 비

08 29 : 30 — 30의 29에 대한 비 / (30에 대한 29의 비)

34 비와 비례 1

개념 마무리 2

물음에 답하세요.

01 밀가루 3컵에 물 1컵을 넣어 반죽을 하려고 합니다. 밀가루 양과 물 양의 비를 쓰세요.

3 : 1

02 화단에 국화 4송이와 튤립 15송이를 심었습니다. 튤립 수에 대한 국화 수의 비를 쓰세요.

기준량

4 : 15

03 과학책의 가로는 21 cm이고 세로는 30 cm입니다. 과학책의 가로와 세로의 비를 쓰세요.

21 : 30

04 노란 색연필 5자루와 파란 색연필 8자루가 필통에 있습니다. 전체 색연필 수에 대한 노란 색연필 수의 비를 쓰세요.

기준량 → 5 + 8 = 13(자루)

5 : 13

05 버스의 좌석은 모두 20석인데 승객 13명이 앉아 있습니다. 버스의 전체 좌석 수에 대한 남은 좌석 수의 비를 쓰세요.

기준량

20 − 13 = 7(석)

7 : 20

06 수학 문제 25개 중에서 20개를 맞혔습니다. 틀린 문제 수의 전체 문제 수에 대한 비를 쓰세요.

기준량

25 − 20 = 5(문제)

5 : 25

1. 비 35

36 37

단원 마무리

지금까지 '비'에 대해 살펴보았습니다. 얼마나 제대로 이해했는지 확인해 봅시다.

1 다음 중 비를 나타낸 것은 모두 몇 개입니까? 2개

5 − 1 (3 : 2) 4.6 (7 : 1) 9 × 8

2 그림을 보고 버스와 택시 수의 비를 쓰시오.

➡ 4 : 3

3 그림을 보고 빈칸을 알맞게 채우시오.

사이다 수는 콜라 수의 [2]배입니다.

콜라 수는 사이다 수의 [$\frac{1}{2}$]배입니다.

4 표를 보고 빈칸을 알맞게 채우시오.

세발자전거(대)	1	2	3	…
바퀴 수(개)	3	6	9	…

바퀴 수는 세발자전거 수의 [3]배입니다.

36 비와 비례 1

스스로 평가

맞은 개수 8개	매우 잘했어요.
맞은 개수 6~7개	실수한 문제를 확인하세요.
맞은 개수 5개	틀린 문제를 2번씩 풀어 보세요.
맞은 개수 1~4개	앞부분의 내용을 다시 한번 확인하세요.

▶ 정답 및 해설 7쪽

5 9 : 10에서 비교하는 양을 쓰시오.

9

6 기준량이 가장 큰 비를 찾아 ○표 하시오.

7 : 3 6 : 9 (10 : 11) 25 : 8 19 : 10

7 그림을 보고 전체에 대한 색칠한 부분의 비를 쓰시오.

1 : 4

8 책꽂이에 역사책이 3권, 영어책이 5권, 수학책이 2권 꽂혀 있습니다. 수학책 수의 전체 책 수에 대한 비를 쓰시오.

2 : 10

(전체 책 수) = 3 + 5 + 2

= 10(권)

※38쪽 <서술형으로 확인>의 답은 정답 및 해설 36쪽에서 확인하세요.

1. 비 37

정답 및 해설

비와 비율

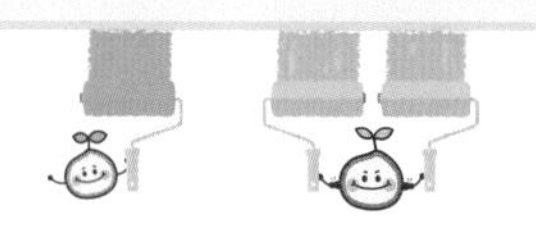

형이 칠한 넓이에 대한 동생이 칠한 넓이의 **비** 1 : 2

↓

형이 칠한 넓이에 대한 동생이 칠한 넓이의 **크기** $1 \div 2 = \frac{1}{2}$

비를 하나의 수로 나타낸 것이 비율

▶ 정답 및 해설 8쪽 2406

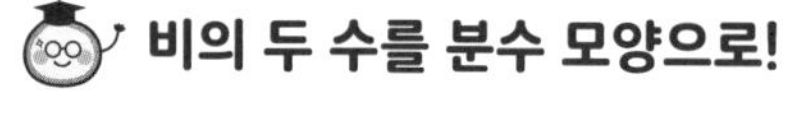

비의 두 수를 분수 모양으로!

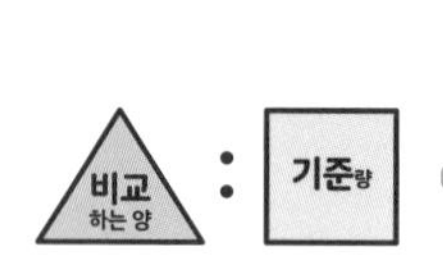

기준량에 대한 비교하는 양의 크기

개념 익히기 1

비를 보고 비율로 알맞게 나타낸 것에 ○표 하세요.

01 비 2 : 5 → 2 ÷ 5 → 비율 (○ $\frac{2}{5}$) $\frac{5}{2}$

02 비 6 : 11 → 6 ÷ 11 → 비율 $\frac{11}{6}$ (○ $\frac{6}{11}$)

03 비 3 : 8 → 3 ÷ 8 → 비율 (○ $\frac{3}{8}$) $\frac{8}{3}$

개념 익히기 2

비와 비율에서 기준량끼리, 비교하는 양끼리 선으로 이으세요.

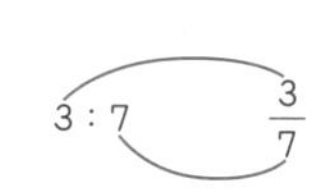

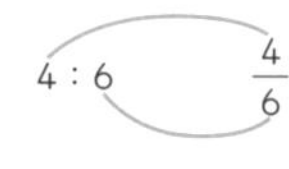

01 3 : 7 — $\frac{3}{7}$

02 4 : 6 — $\frac{4}{6}$

03 8 : 9 — $\frac{8}{9}$

개념 다지기 1

비를 비율로 나타내는 과정입니다. 빈칸을 알맞게 채우세요.

01 3 : 4 ➡ $3 \div 4 = \frac{3}{4}$

02 1 : 5 ➡ $1 \div 5 = \frac{1}{5}$

03 12 : 7 ➡ $12 \div 7 = \frac{12}{7}$

04 2 : 9 ➡ $2 \div 9 = \frac{2}{9}$

05 6 : 13 ➡ $6 \div 13 = \frac{6}{13}$

06 20 : 11 ➡ $20 \div 11 = \frac{20}{11}$

▶ 정답 및 해설 8쪽

개념 다지기 2

비율은 비로, 비는 비율로 나타내세요.

01 $\frac{2}{3}$ ➡ 2 : 3

02 $\frac{7}{5}$ ➡ 7 : 5

03 9 : 8 ➡ $\frac{9}{8}$

04 6 : 17 ➡ $\frac{6}{17}$

05 $\frac{1}{10}$ ➡ 1 : 10

06 2 : 13 ➡ $\frac{2}{13}$

▶ 정답 및 해설 9쪽

개념 마무리 1

물음에 답하세요.

01

그림과 같이 창가에 꽃이 있습니다.

(1) 튤립 수에 대한 해바라기 수의 비 (기준량) ➡ 1 : 4

(2) 튤립 수에 대한 해바라기 수의 비율 ➡ $\frac{1}{4}$

(3) 전체 꽃의 수에 대한 해바라기 수의 비율 (기준량) ➡ $\frac{1}{7}$

02

크기가 같은 텃밭에 상추, 감자, 토마토 씨앗을 심었습니다.

(1) 전체 텃밭 수에 대한 상추밭 수의 비 (기준량) ➡ 1 : 5

(2) 전체 텃밭 수에 대한 상추밭 수의 비율 ➡ $\frac{1}{5}$

(3) 토마토밭 수에 대한 상추밭 수의 비율 (기준량) ➡ $\frac{1}{3}$

개념 마무리 2

물음에 답하세요.

01

검은 돌 23개, 흰 돌 30개가 바둑판에 놓여 있습니다.
검은 돌 수에 대한 흰 돌 수의 비율을 나타내세요.
기준량

$\frac{30}{23}$

02

남매가 멀리뛰기를 하는데, 누나는 141 cm, 동생은 136 cm를 뛰었습니다.
동생이 뛴 거리에 대한 누나가 뛴 거리의 비율을 나타내세요.
기준량

$\frac{141}{136}$

03

옷장에 옷 26벌이 있습니다. 그중에서 티셔츠가 17벌일 때,
옷장에 있는 전체 옷의 수에 대한 티셔츠 수의 비율을 나타내세요.
기준량

$\frac{17}{26}$

04

견과류 한 봉지에 아몬드가 9개, 호두가 5개 들어 있습니다.
호두 수에 대한 아몬드 수의 비율을 나타내세요.
기준량

$\frac{9}{5}$

05

자전거 대여소에 두발자전거 15대와 세발자전거 4대가 있습니다.
대여소에 있는 전체 자전거 수에 대한 두발자전거 수의 비율을 나타내세요.
기준량
→ 15 + 4 = 19(대)

$\frac{15}{19}$

06

책꽂이에 역사책이 8권, 과학책이 10권, 수학책이 11권 있습니다.
책꽂이에 있는 전체 책의 수에 대한 수학책 수의 비율을 나타내세요.
기준량
→ 8 + 10 + 11 = 29(권)

$\frac{11}{29}$

2 비율의 표현

휴대폰에서의 사진
세로에 대한 가로의 **비율**

5 : 9 ➡ $\frac{5}{9}$

컴퓨터에서의 사진
세로에 대한 가로의 **비율**

15 : 27 ➡ $\frac{15}{27} = \frac{5}{9}$

비가 달라도, 비율은 같을 수 있어!

▶ 정답 및 해설 9쪽 2407

약분을 할 수 있어!	소수로 나타낼 수 있어!
예 4 : 6 ➡ $\frac{4}{6} = \frac{2}{3}$	예 $\frac{7}{5} = \frac{7 \times 2}{5 \times 2} = \frac{14}{10} = 1.4$
6 : 9 ➡ $\frac{6}{9} = \frac{2}{3}$	$\frac{3}{4} = \frac{3 \times 25}{4 \times 25} = \frac{75}{100} = 0.75$
8 : 12 ➡ $\frac{8}{12} = \frac{2}{3}$	$\frac{5}{8} = \frac{5 \times 125}{8 \times 125} = \frac{625}{1000} = 0.625$
그래서, 비가 달라도 비율은 같을 수 있는 거야~	분모가 10, 100, 1000, … 이면 소수로 쉽게 바꿀 수 있어!

개념 익히기 1

주어진 비를 비율로 나타낼 때, 기약분수로 쓰세요.

01

20 : 30 ➡ $\frac{20}{30} = \frac{2}{3}$

02

15 : 45 ➡ $\frac{15}{45} = \frac{1}{3}$

03

36 : 81 ➡ $\frac{36}{81} = \frac{4}{9}$

개념 익히기 2

비율을 소수로 나타내는 과정입니다. 빈칸을 알맞게 채우세요.

01

$\frac{3}{5} = \frac{6}{10} = 0.6$

02

$\frac{11}{20} = \frac{55}{100} = 0.55$

03

$\frac{1}{8} = \frac{125}{1000} = 0.125$

50 51

▶ 정답 및 해설 10쪽

개념 다지기 1

전체에 대한 색칠한 부분의 비율을 분수로 나타내고, 괄호 안에서 알맞은 것에 ○표 하세요.

01

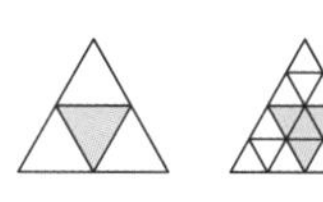

$\frac{1}{4}$ 　 $\frac{4}{16}\left(=\frac{1}{4}\right)$

➡ 비율이 ((같아요), 달라요).

02

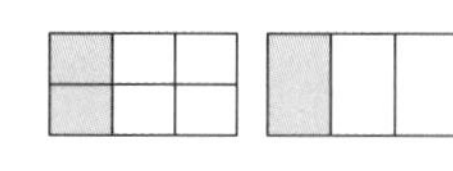

$\frac{2}{6}\left(=\frac{1}{3}\right)$ 　 $\frac{1}{3}$

➡ 비율이 ((같아요), 달라요).

03

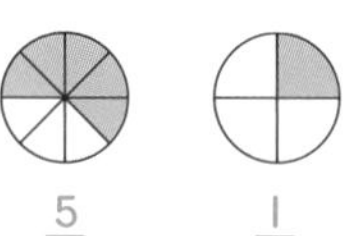

$\frac{5}{8}$ 　 $\frac{1}{4}$

➡ 비율이 (같아요 , (달라요)).

04

$\frac{4}{5}$ 　 $\frac{8}{10}\left(=\frac{4}{5}\right)$

➡ 비율이 ((같아요), 달라요).

05

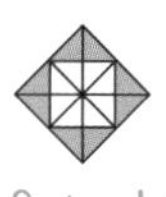

$\frac{8}{16}\left(=\frac{1}{2}\right)$ 　 $\frac{6}{8}\left(=\frac{3}{4}\right)$

➡ 비율이 (같아요 , (달라요)).

06

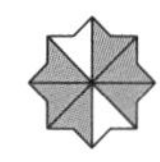

$\frac{6}{8}\left(=\frac{3}{4}\right)$ 　 $\frac{3}{4}$

➡ 비율이 ((같아요), 달라요).

개념 다지기 2

주어진 비의 비율을 소수로 나타내세요.

01 9 : 20 ➡ $\frac{9}{20}=\frac{9\times 5}{20\times 5}=\frac{45}{100}=0.45$

02 1 : 4 ➡ $\frac{1}{4}=\frac{1\times 25}{4\times 25}=\frac{25}{100}=0.25$

03 2 : 5 ➡ $\frac{2}{5}=\frac{2\times 2}{5\times 2}=\frac{4}{10}=0.4$

04 3 : 8 ➡ $\frac{3}{8}=\frac{3\times 125}{8\times 125}=\frac{375}{1000}=0.375$

05 6 : 25 ➡ $\frac{6}{25}=\frac{6\times 4}{25\times 4}=\frac{24}{100}=0.24$

06 17 : 20 ➡ $\frac{17}{20}=\frac{17\times 5}{20\times 5}=\frac{85}{100}=0.85$

52 53

▶ 정답 및 해설 10쪽

개념 마무리 1

세로에 대한 가로의 비율이 다른 하나를 찾아 ×표 하세요.

(세로에 대한 가로의 비율 → $\frac{가로}{세로}$)

01

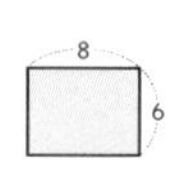

( ) $\frac{8}{6}=\frac{4}{3}$ 　 ( ) $\frac{12}{9}=\frac{4}{3}$ 　 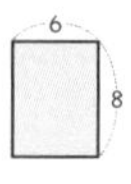

(×) $\frac{6}{8}=\frac{3}{4}$

02

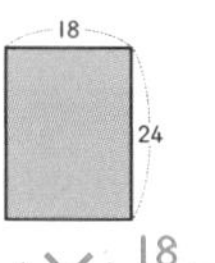

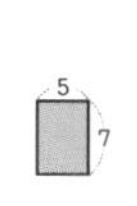

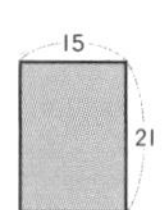

(×) $\frac{18}{24}=\frac{3}{4}$ 　 ( ) $\frac{5}{7}$ 　 ( ) $\frac{15}{21}=\frac{5}{7}$

03

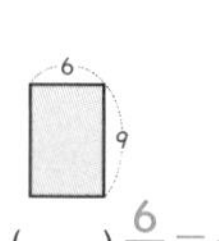

( ) $\frac{6}{9}=\frac{2}{3}$ 　 (×) $\frac{12}{20}=\frac{3}{5}$ 　 ( ) $\frac{8}{12}=\frac{2}{3}$

04

( ) $\frac{20}{16}=\frac{5}{4}$ 　 (×) $\frac{14}{10}=\frac{7}{5}$ 　 ( ) $\frac{5}{4}$

개념 마무리 2

비율이 같은 것끼리 ○로 묶으세요.

01 (6 : 10, $\frac{3}{5}$) 　 $\frac{10}{6}$ 　 0.5

02 ($\frac{4}{16}$, 4 : 16) 　 0.24 　 $\frac{1}{8}$

03

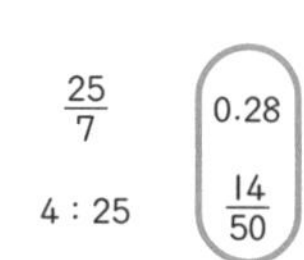

$\frac{25}{7}$ 　 4 : 25 　 (0.28, $\frac{14}{50}$)

04 ($\frac{1}{2}$, $\frac{11}{22}$) 　 0.2 　 22 : 11

05

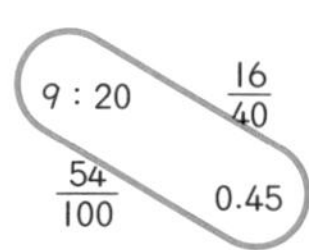

(9 : 20, 0.45) 　 $\frac{16}{40}$ 　 $\frac{54}{100}$

06 ($\frac{1}{10}$, 3 : 30) 　 0.3 　 $\frac{30}{3}$

07

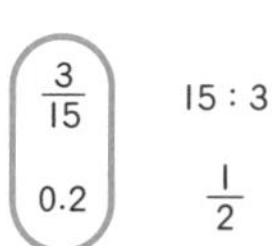

($\frac{3}{15}$, 0.2) 　 15 : 3 　 $\frac{1}{2}$

08 (24 : 10, $\frac{12}{5}$) 　 $\frac{10}{24}$ 　 0.24

53쪽

01

$6:10$ $\rightarrow \frac{6}{10}=\frac{3}{5}$	$\frac{10}{6}$ $=\frac{5}{3}$
0.5 $=\frac{5}{10}=\frac{1}{2}$	$\frac{3}{5}$

02

$\frac{4}{16}$	$4:16$ $\rightarrow \frac{4}{16}$
0.24 $=\frac{24}{100}=\frac{6}{25}$	$\frac{1}{8}$

03

$\frac{25}{7}$	0.28 $=\frac{28}{100}=\frac{7}{25}$
$4:25$ $\rightarrow \frac{4}{25}$	$\frac{14}{50}$ $=\frac{7}{25}$

04

0.2 $=\frac{2}{10}=\frac{1}{5}$	$\frac{1}{2}$
$\frac{11}{22}$ $=\frac{1}{2}$	$22:11$ $\rightarrow \frac{22}{11}=2$

05

$9:20$ $\rightarrow \frac{9}{20}$	$\frac{16}{40}$ $=\frac{2}{5}$
$\frac{54}{100}$ $=\frac{27}{50}$	0.45 $=\frac{45}{100}=\frac{9}{20}$

06

 $\frac{1}{10}$	0.3 $=\frac{3}{10}$
$3:30$ $\rightarrow \frac{3}{30}=\frac{1}{10}$	$\frac{30}{3}$ $=10$

07

$\frac{3}{15}$ $=\frac{1}{5}$	$15:3$ $\rightarrow \frac{15}{3}=5$
0.2 $=\frac{2}{10}=\frac{1}{5}$	$\frac{1}{2}$

08

$24:10$ $\rightarrow \frac{24}{10}=\frac{12}{5}$	$\frac{10}{24}$ $=\frac{5}{12}$
0.24 $=\frac{24}{100}=\frac{6}{25}$	$\frac{12}{5}$

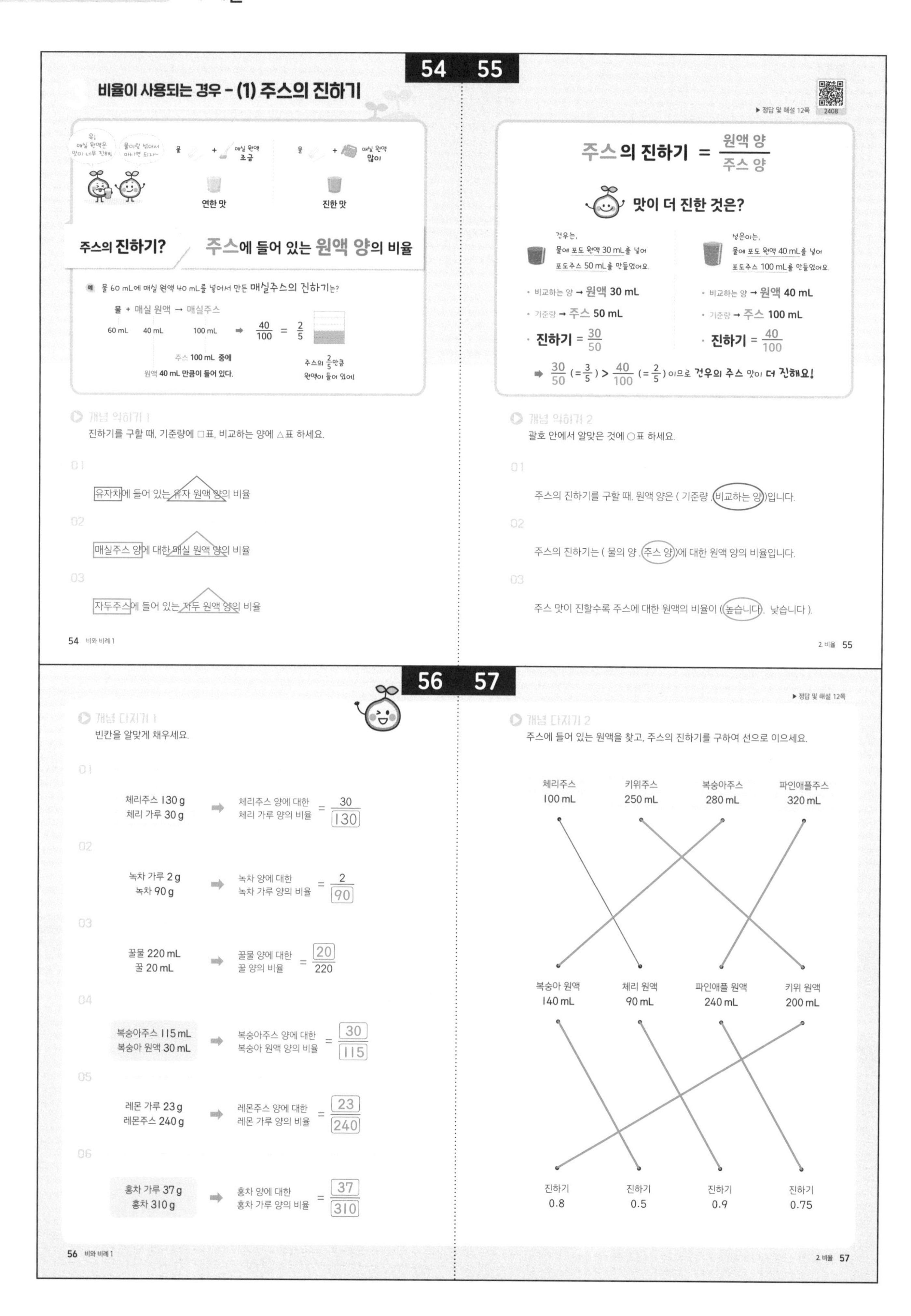

54 55

비율이 사용되는 경우 - (1) 주스의 진하기

주스의 진하기? 주스에 들어 있는 원액 양의 비율

예 물 60 mL에 매실 원액 40 mL를 넣어서 만든 매실주스의 진하기는?

물 + 매실 원액 → 매실주스
60 mL 40 mL 100 mL ➡ $\frac{40}{100} = \frac{2}{5}$

주스 100 mL 중에 원액 40 mL 만큼이 들어 있다.
주스의 $\frac{2}{5}$만큼 원액이 들어 있어!

개념 익히기 1
진하기를 구할 때, 기준량에 □표, 비교하는 양에 △표 하세요.

01 [유자차]에 들어 있는 △유자 원액 양△의 비율

02 [매실주스 양]에 대한 △매실 원액 양△의 비율

03 [자두주스]에 들어 있는 △자두 원액 양△의 비율

54 비와 비례 1

▶ 정답 및 해설 12쪽 2408

$$\text{주스의 진하기} = \frac{\text{원액 양}}{\text{주스 양}}$$

맛이 더 진한 것은?

건우는, 물에 포도 원액 30 mL를 넣어 포도주스 50 mL를 만들었어요.
- 비교하는 양 → 원액 30 mL
- 기준량 → 주스 50 mL
- 진하기 = $\frac{30}{50}$

성은이는, 물에 포도 원액 40 mL를 넣어 포도주스 100 mL를 만들었어요.
- 비교하는 양 → 원액 40 mL
- 기준량 → 주스 100 mL
- 진하기 = $\frac{40}{100}$

➡ $\frac{30}{50}(=\frac{3}{5}) > \frac{40}{100}(=\frac{2}{5})$ 이므로 건우의 주스 맛이 더 진해요!

개념 익히기 2
괄호 안에서 알맞은 것에 ○표 하세요.

01 주스의 진하기를 구할 때, 원액 양은 (기준량 , (비교하는 양))입니다.

02 주스의 진하기는 (물의 양 , (주스 양))에 대한 원액 양의 비율입니다.

03 주스 맛이 진할수록 주스에 대한 원액의 비율이 ((높습니다) , 낮습니다).

2. 비율 55

56 57

개념 다지기 1
빈칸을 알맞게 채우세요.

01 체리주스 130 g, 체리 가루 30 g ➡ 체리주스 양에 대한 체리 가루 양의 비율 = $\frac{30}{130}$

02 녹차 가루 2 g, 녹차 90 g ➡ 녹차 양에 대한 녹차 가루 양의 비율 = $\frac{2}{90}$

03 꿀물 220 mL, 꿀 20 mL ➡ 꿀물 양에 대한 꿀 양의 비율 = $\frac{20}{220}$

04 복숭아주스 115 mL, 복숭아 원액 30 mL ➡ 복숭아주스 양에 대한 복숭아 원액 양의 비율 = $\frac{30}{115}$

05 레몬 가루 23 g, 레몬주스 240 g ➡ 레몬주스 양에 대한 레몬 가루 양의 비율 = $\frac{23}{240}$

06 홍차 가루 37 g, 홍차 310 g ➡ 홍차 양에 대한 홍차 가루 양의 비율 = $\frac{37}{310}$

56 비와 비례 1

▶ 정답 및 해설 12쪽

개념 다지기 2
주스에 들어 있는 원액을 찾고, 주스의 진하기를 구하여 선으로 이으세요.

주스	원액	진하기
체리주스 100 mL	체리 원액 90 mL	0.9
키위주스 250 mL	키위 원액 200 mL	0.8
복숭아주스 280 mL	복숭아 원액 140 mL	0.5
파인애플주스 320 mL	파인애플 원액 240 mL	0.75

2. 비율 57

57쪽

체리주스 100 mL

체리 원액 90 mL

→ 진하기 $= \frac{90}{100} = 0.9$

키위주스 250 mL

키위 원액 200 mL

→ 진하기 $= \frac{200}{250} = \frac{4}{5} = \frac{8}{10}$

$= 0.8$

복숭아주스 280 mL

복숭아 원액 140 mL

→ 진하기 $= \frac{140}{280} = \frac{1}{2} = \frac{5}{10}$

$= 0.5$

파인애플주스 320 mL

파인애플 원액 240 mL

→ 진하기 $= \frac{240}{320} = \frac{3}{4} = \frac{75}{100}$

$= 0.75$

58 59

▶ 정답 및 해설 14쪽

개념 마무리 1
물음에 답하세요.

01 물 50 mL에 오렌지 원액 70 mL를 섞어서 오렌지주스 120 mL를 만들었습니다. 오렌지주스의 진하기를 기약분수로 나타내세요. 기준량

$\frac{70}{120}=\frac{7}{12}$ 답: $\frac{7}{12}$

02 물 35 mL에 포도 원액 65 mL를 섞어서 포도주스 100 mL를 만들었습니다. 포도주스의 진하기를 소수로 나타내세요. 기준량

$\frac{65}{100}=0.65$ 답: 0.65

03 코코아 가루 30 g을 물 120 g에 섞어서 핫초코 150 g을 만들었습니다. 핫초코의 진하기를 기약분수로 나타내세요. 기준량

$\frac{30}{150}=\frac{1}{5}$ 답: $\frac{1}{5}$

04 콩가루 160 g을 물 140 g에 섞어서 콩국물 300 g을 만들었습니다. 콩국물의 진하기를 기약분수로 나타내세요. 기준량

$\frac{160}{300}=\frac{8}{15}$ 답: $\frac{8}{15}$

05 물 120 g에 인삼 가루 40 g을 섞어서 인삼차 160 g을 만들었습니다. 인삼차의 진하기를 소수로 나타내세요. 기준량

$\frac{40}{160}=\frac{1}{4}=\frac{25}{100}=0.25$ 답: 0.25

06 석류 원액 125 mL와 물 155 mL를 섞어서 석류주스 280 mL를 만들었습니다. 석류주스의 진하기를 기약분수로 나타내세요. 기준량

$\frac{125}{280}=\frac{25}{56}$ 답: $\frac{25}{56}$

개념 마무리 2
주스가 진한 순서대로 괄호 안에 1, 2, 3을 쓰세요.

2409

01
망고 원액 25 mL 망고주스 100 mL	망고 원액 60 mL 망고주스 120 mL	망고 원액 40 mL 망고주스 120 mL
(3)	(1)	(2)

02
딸기 원액 120 mL 딸기주스 300 mL	딸기 원액 75 mL 딸기주스 200 mL	딸기 원액 68 mL 딸기주스 200 mL
(1)	(2)	(3)

03
오렌지 원액 36 mL 오렌지주스 160 mL	오렌지 원액 80 mL 오렌지주스 160 mL	오렌지 원액 120 mL 오렌지주스 200 mL
(3)	(2)	(1)

04
당근 원액 42 mL 당근주스 210 mL	당근 원액 40 mL 당근주스 300 mL	당근 원액 45 mL 당근주스 270 mL
(1)	(3)	(2)

05
사과 원액 60 mL 사과주스 100 mL	사과 원액 120 mL 사과주스 150 mL	사과 원액 140 mL 사과주스 200 mL
(3)	(1)	(2)

59쪽

01 $\frac{25}{100}=\frac{1}{4}$ ③ / $\frac{60}{120}=\frac{1}{2}$ ① / $\frac{40}{120}=\frac{1}{3}$ ②

(분자가 같으면 분모가 작을수록 큰 수)

02 $\frac{120}{300}=\frac{40}{100}=\frac{80}{200}$ ① / $\frac{75}{200}$ ② / $\frac{68}{200}$ ③

03 $\frac{36}{160}$ ③ / $\frac{80}{160}$ ② / $\frac{120}{200}=\frac{12}{20}=\frac{96}{160}$ ①

04 $\frac{42}{210}=\frac{6}{30}$ ① / $\frac{40}{300}=\frac{4}{30}$ ③ / $\frac{45}{270}=\frac{5}{30}$ ②

05 $\frac{60}{100}=\frac{6}{10}=\frac{36}{60}$ ③ / $\frac{120}{150}=\frac{12}{15}=\frac{48}{60}$ ① / $\frac{140}{200}=\frac{14}{20}=\frac{42}{60}$ ②

4 비율이 사용되는 경우 - (2) 인구 밀도

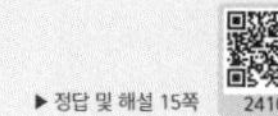

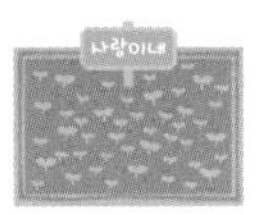

같은 넓이에서 **빽빽한 정도**를 **밀도**라고 해~

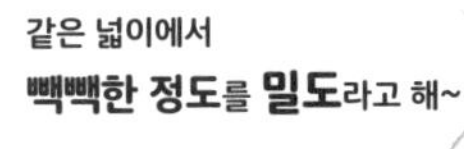

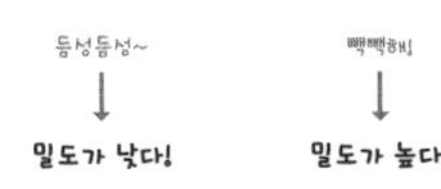

그럼 **인구 밀도**란?

➡ 일정한 **땅의 넓이**를 기준으로, **사람**이 빽빽한 정도!

인구 밀도 구하기

$$\text{넓이에 대한 인구의 비율} = \frac{\text{인구}}{\text{넓이}}$$

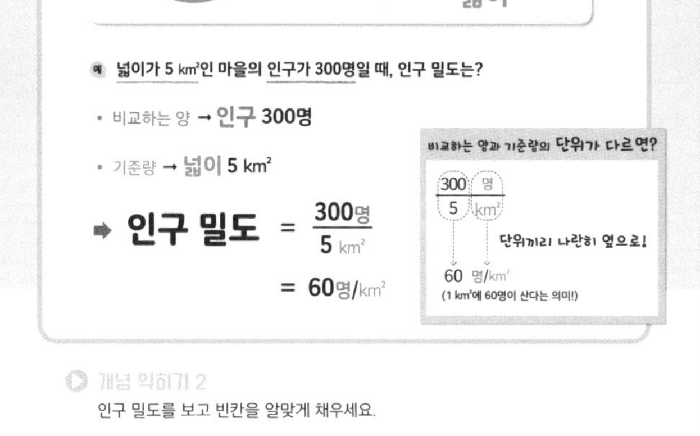

예 넓이가 5 km²인 마을의 인구가 300명일 때, 인구 밀도는?

• 비교하는 양 → 인구 300명

• 기준량 → 넓이 5 km²

$$➡ \text{인구 밀도} = \frac{300명}{5\ km^2} = 60명/km^2$$

개념 익히기 1

같은 넓이에 있는 사람 수를 비교하여 밀도가 더 높은 것에 ○표 하세요.

01 엘리베이터: 탑승 인원 5명 / (탑승 인원 15명) ○

02 버스: (승객 26명) ○ / 승객 7명

03 영화관: 관람객 14명 / (관람객 98명) ○

개념 익히기 2

인구 밀도를 보고 빈칸을 알맞게 채우세요.

01 $\frac{860}{17}$명/km² ➡ 17 km²에 [860]명이 살고 있습니다.

02 $\frac{1930}{25}$명/km² ➡ [25] km²에 사는 사람이 1930명입니다.

03 480명/km² ➡ [1] km²에 [480]명이 살고 있습니다.

개념 다지기 1

인구 밀도를 구하려고 합니다. 기준량에 □표, 비교하는 양에 △표 하고, 빈칸을 알맞게 채우세요.

01 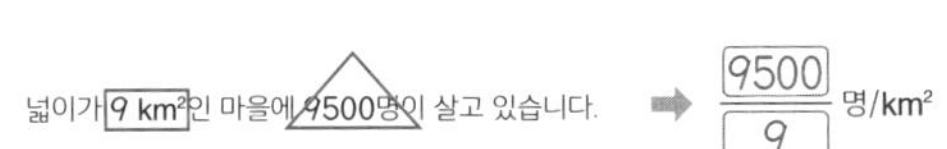
넓이가 [9 km²]인 마을에 △9500명이 살고 있습니다. ➡ $\frac{9500}{9}$ 명/km²

02 
인구가 △1400명인 마을의 넓이가 [13 km²]입니다. ➡ $\frac{1400}{13}$ 명/km²

03 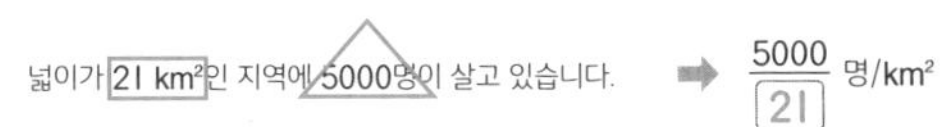
넓이가 [21 km²]인 지역에 △5000명이 살고 있습니다. ➡ $\frac{5000}{21}$ 명/km²

04 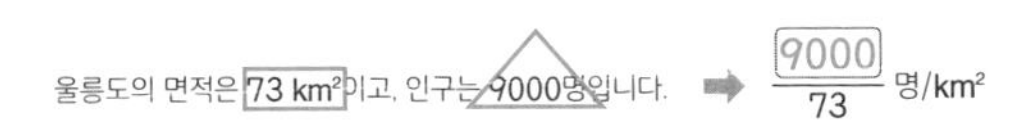
울릉도의 면적은 [73 km²]이고, 인구는 △9000명입니다. ➡ $\frac{9000}{73}$ 명/km²

05 
인구가 △80000명인 도시의 넓이가 [53 km²]입니다. ➡ $\frac{80000}{53}$ 명/km²

06 
넓이가 [37 km²]인 마을의 인구는 △15000명입니다. ➡ $\frac{15000}{37}$ 명/km²

▶ 정답 및 해설 15쪽

개념 다지기 2

인구 밀도를 구하세요.

01

넓이	인구
25 km²	4000명

➡ $\frac{4000}{25}$ (= 160) 명/km²

02

넓이	인구
10 km²	5000명

➡ $\frac{5000}{10}$ (= 500) 명/km²

03

인구	넓이
3600명	30 km²

➡ $\frac{3600}{30}$ (= 120) 명/km²

04

인구	넓이
7800명	50 km²

➡ $\frac{7800}{50}$ (= 156) 명/km²

05

넓이	인구
75 km²	6750명

➡ $\frac{6750}{75}$ (= 90) 명/km²

06

넓이	인구
100 km²	12900명

➡ $\frac{12900}{100}$ (= 129) 명/km²

64 65

▶ 정답 및 해설 16쪽

개념 마무리 1

인구 밀도가 더 높은 곳에 ○표 하세요.

01

넓이가 8 km²인 마을의 인구는 1600명이에요. (○) $\frac{1600}{8}=200$

넓이가 5 km²인 마을의 인구는 970명이에요. ( ) $\frac{970}{5}=194$

02

넓이가 16 km²인 마을의 인구는 1680명이에요. ( ) $\frac{1680}{16}=105$

넓이가 18 km²인 마을의 인구는 1980명이에요. (○) $\frac{1980}{18}=110$

03

넓이가 35 km²인 마을의 인구는 4900명이에요. (○) $\frac{4900}{35}=140$

넓이가 25 km²인 마을의 인구는 3000명이에요. ( ) $\frac{3000}{25}=120$

04

넓이가 50 km²인 마을의 인구는 8700명이에요. (○) $\frac{8700}{50}=174$

넓이가 45 km²인 마을의 인구는 6750명이에요. ( ) $\frac{6750}{45}=150$

05

넓이가 124 km²인 도시의 인구는 9920명이에요. (○) $\frac{9920}{124}=80$

넓이가 105 km²인 도시의 인구는 7980명이에요. ( ) $\frac{7980}{105}=76$

06

넓이가 175 km²인 도시의 인구는 10500명이에요. ( ) $\frac{10500}{175}=60$

넓이가 200 km²인 도시의 인구는 12600명이에요. (○) $\frac{12600}{200}=63$

64 비와 비례 1

개념 마무리 2

우리나라의 지역별 인구와 넓이를 어림하여 나타낸 자료입니다.
인구 밀도가 높은 순서대로 지역명을 쓰세요.

2411

<지역별 인구>

지역	서울	대전	광주	강릉	부산
인구(만 명)	968	135	130	26	385

<지역별 넓이>

(단위 : km²)

서울 605
강릉 1040
대전 540
광주 500
부산 770

서울, 부산, 광주, 대전, 강릉

2. 비율 65

65쪽

※ 계산이 편리하도록, 인구 밀도는 표에서 제시한 만 명 단위로 풀이하였습니다.

서울의 인구 밀도 : $\frac{968}{605}>1$ 이므로 나머지 지역보다 인구 밀도가 높습니다.

대전의 인구 밀도 :

$$\frac{135}{540}=\frac{15}{60}=\frac{1}{4}=\frac{25}{100}$$

광주의 인구 밀도 :

$$\frac{130}{500}=\frac{13}{50}=\frac{26}{100}$$

강릉의 인구 밀도 :

$$\frac{26}{1040}=\frac{13}{520}=\frac{1}{40}$$

부산의 인구 밀도 :

$$\frac{385}{770}=\frac{55}{110}=\frac{1}{2}=\frac{50}{100}$$

➡ $\frac{50}{100}$(부산) $>$ $\frac{26}{100}$(광주) $>$ $\frac{25}{100}$(대전) 이므로

부산, 광주, 대전 순서로 인구 밀도가 높고, 대전과 강릉을 비교하면

$\frac{1}{4}$(대전) $>$ $\frac{1}{40}$(강릉) 이므로 대전이 강릉보다 인구 밀도가 높습니다.

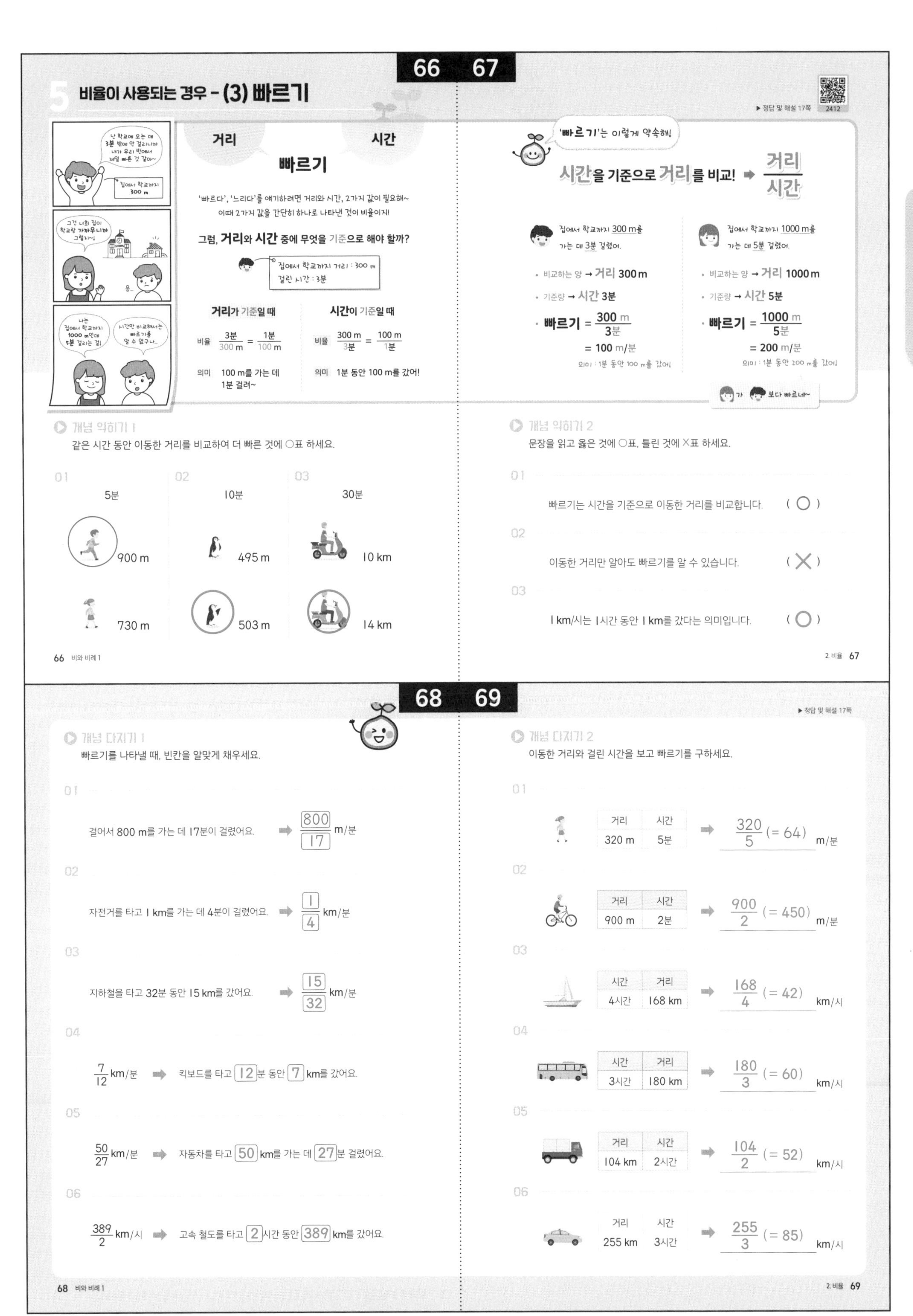

66 67

5 비율이 사용되는 경우 - (3) 빠르기

난 학교에 오는 데 3분 밖에 안 걸리니까 내가 우리 반에서 제일 빠른 것 같아~
집에서 학교까지 300 m
그건 너희 집이 학교랑 가까우니까 그렇지~!
응...
나는 집에서 학교까지 1000 m인데 5분 걸리는 걸!
시간만 비교해서는 빠르기를 알 수 없구나...

거리 시간

빠르기

'빠르다', '느리다'를 얘기하려면 거리와 시간, 2가지 값이 필요해~
이때 2가지 값을 간단히 하나로 나타낸 것이 비율이지!

그럼, **거리**와 **시간** 중에 무엇을 기준으로 해야 할까?

집에서 학교까지 거리 : 300 m
걸린 시간 : 3분

거리가 기준일 때	**시간**이 기준일 때
비율 $\frac{3분}{300\text{ m}} = \frac{1분}{100\text{ m}}$	비율 $\frac{300\text{ m}}{3분} = \frac{100\text{ m}}{1분}$
의미 100 m를 가는 데 1분 걸려~	의미 1분 동안 100 m를 갔어!

▶ 정답 및 해설 17쪽 2412

'빠르기'는 이렇게 약속해!

시간을 기준으로 **거리**를 비교! ➡ $\frac{거리}{시간}$

집에서 학교까지 300 m를 가는 데 3분 걸렸어.

- 비교하는 양 → 거리 300 m
- 기준량 → 시간 3분
- 빠르기 $= \frac{300\text{ m}}{3분} = 100\text{ m/분}$

의미 : 1분 동안 100 m를 갔어!

집에서 학교까지 1000 m를 가는 데 5분 걸렸어.

- 비교하는 양 → 거리 1000 m
- 기준량 → 시간 5분
- 빠르기 $= \frac{1000\text{ m}}{5분} = 200\text{ m/분}$

의미 : 1분 동안 200 m를 갔어!

가 보다 빠르네~

개념 익히기 1

같은 시간 동안 이동한 거리를 비교하여 더 빠른 것에 ○표 하세요.

01 5분: 900 m (○), 730 m

02 10분: 495 m, 503 m (○)

03 30분: 10 km, 14 km (○)

개념 익히기 2

문장을 읽고 옳은 것에 ○표, 틀린 것에 ×표 하세요.

01 빠르기는 시간을 기준으로 이동한 거리를 비교합니다. (○)

02 이동한 거리만 알아도 빠르기를 알 수 있습니다. (×)

03 1 km/시는 1시간 동안 1 km를 갔다는 의미입니다. (○)

66 비와 비례 1 / 2. 비율 67

68 69

개념 다지기 1

빠르기를 나타낼 때, 빈칸을 알맞게 채우세요.

01 걸어서 800 m를 가는 데 17분이 걸렸어요. ➡ $\frac{800}{17}$ m/분

02 자전거를 타고 1 km를 가는 데 4분이 걸렸어요. ➡ $\frac{1}{4}$ km/분

03 지하철을 타고 32분 동안 15 km를 갔어요. ➡ $\frac{15}{32}$ km/분

04 $\frac{7}{12}$ km/분 ➡ 킥보드를 타고 12분 동안 7 km를 갔어요.

05 $\frac{50}{27}$ km/분 ➡ 자동차를 타고 50 km를 가는 데 27분 걸렸어요.

06 $\frac{389}{2}$ km/시 ➡ 고속 철도를 타고 2시간 동안 389 km를 갔어요.

▶ 정답 및 해설 17쪽

개념 다지기 2

이동한 거리와 걸린 시간을 보고 빠르기를 구하세요.

01

거리	시간
320 m	5분

➡ $\frac{320}{5}$ (= 64) m/분

02

거리	시간
900 m	2분

➡ $\frac{900}{2}$ (= 450) m/분

03

시간	거리
4시간	168 km

➡ $\frac{168}{4}$ (= 42) km/시

04

시간	거리
3시간	180 km

➡ $\frac{180}{3}$ (= 60) km/시

05

거리	시간
104 km	2시간

➡ $\frac{104}{2}$ (= 52) km/시

06

거리	시간
255 km	3시간

➡ $\frac{255}{3}$ (= 85) km/시

68 비와 비례 1 / 2. 비율 69

70 71

▶ 정답 및 해설 18쪽

개념 마무리 1

빠르기를 비교하여 더 빠른 동물에 ○표 하세요.

01

1시간 동안 70 km를 달렸어요. $\frac{70}{1} = 70$(km/시)

2시간 동안 110 km를 달렸어요. $\frac{110}{2} = 55$(km/시)

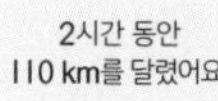

02

5분 동안 3600 m를 갔어요. $\frac{3600}{5} = 720$(m/분)

3분 동안 1800 m를 갔어요. $\frac{1800}{3} = 600$(m/분)

03

4분 동안 800 m를 갔어요. $\frac{800}{4} = 200$(m/분)

2분 동안 1200 m를 갔어요. $\frac{1200}{2} = 600$(m/분)

04

120 km를 가는 데 3시간이 걸렸어요. $\frac{120}{3} = 40$(km/시)

250 km를 가는 데 5시간이 걸렸어요. $\frac{250}{5} = 50$(km/시)

05

90 km를 가는 데 2시간이 걸렸어요. $\frac{90}{2} = 45$(km/시)

160 km를 가는 데 4시간이 걸렸어요. $\frac{160}{4} = 40$(km/시)

개념 마무리 2

물음에 답하세요.

01

수영 대회에서 준호는 50 m 종목에, 지원이는 100 m 종목에 출전했습니다.

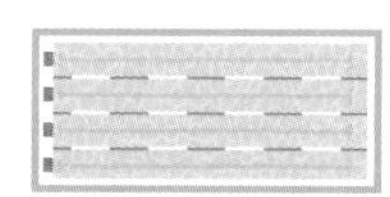

(1) 준호의 기록이 2분일 때, 빠르기는 얼마일까요?
50 m 종목 $\frac{50}{2} = 25$(m/분) 25 m/분

(2) 지원이의 기록이 5분일 때, 빠르기는 얼마일까요?
100 m 종목 $\frac{100}{5} = 20$(m/분) 20 m/분

02

하준이와 예서는 트랙을 따라 달리기를 했습니다.

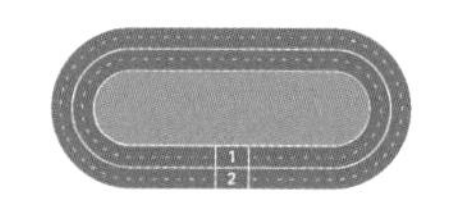

(1) 하준이는 1번 트랙 한 바퀴를 달리는 데 10분 걸렸습니다. 하준이의 빠르기는 얼마일까요?
400 m $\frac{400}{10} = 40$(m/분) 40 m/분

(2) 예서는 2번 트랙 한 바퀴를 달리는 데 8분 걸렸습니다. 예서의 빠르기는 얼마일까요?
600 m $\frac{600}{8} = 75$(m/분) 75 m/분

(3) 하준이와 예서 중 누가 더 빠른가요? 예서

72 73

단원 마무리

지금까지 '비율'에 대해 살펴보았습니다. 얼마나 제대로 이해했는지 확인해 봅시다.

1

비를 보고 비율로 알맞게 나타내시오.

비 \ 비율	분수	소수
7 : 10	$\frac{7}{10}$	0.7

2

전체에 대한 색칠한 부분의 비율이 $\frac{3}{5}$이 되도록 그림에 알맞게 색칠하시오.

$\frac{3}{5} = \frac{6}{10}$ 이므로 10칸 중에서 6칸을 색칠합니다.

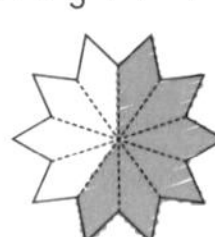

3

주어진 비를 비율로 나타내려고 합니다. □ 안에는 기약분수로, ○ 안에는 소수로 쓰시오.

$\frac{1}{5}$ 4와 20의 비 0.2

$4:20 \Rightarrow \frac{4}{20} = \frac{2}{10} = \frac{1}{5}$ (기약분수) $= 0.2$ (소수)

4

비율을 비교하여 가장 큰 것에 ○표 하시오.

$\frac{7}{8}$ → $\frac{7 \times 125}{8 \times 125} = \frac{875}{1000} = 0.875$

4 : 5 → $\frac{4}{5} = \frac{8}{10} = 0.8$

0.9

스스로 평가	
맞은 개수 8개	매우 잘했어요.
맞은 개수 6~7개	실수한 문제를 확인하세요.
맞은 개수 5개	틀린 문제를 2번씩 풀어 보세요.
맞은 개수 1~4개	앞부분의 내용을 다시 한번 확인하세요.

▶ 정답 및 해설 18쪽

5

키에 대한 그림자 길이의 비율을 비교하여 ○ 안에 >, =, <를 알맞게 쓰시오.

$\frac{그림자 길이}{키}$

$\frac{90}{150} = \frac{3}{5}$ = $\frac{60}{100} = \frac{3}{5}$

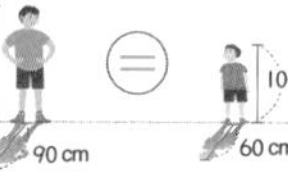

➡ 키에 대한 그림자 길이의 비율이 같습니다.

6

한샘이는 꿀 40 g으로 꿀물 240 g을 만들고, 영주는 꿀 63 g으로 꿀물 420 g을 만들었습니다. 누가 만든 꿀물이 더 진한지 쓰시오. 한샘

7

인구 밀도가 가장 높은 마을은 어느 곳인지 쓰시오. 사랑 마을

마을	행복 마을	사랑 마을	푸른 마을
넓이(km^2)	24	30	65
인구(명)	2040	2700	5200

8

수아는 1코스로 등산하여 115분이 걸렸고, 로아는 2코스로 등산하여 90분이 걸렸습니다. 빠르기를 비교하여 누가 더 빠른지 쓰시오.

4600 m, 4050 m 로아

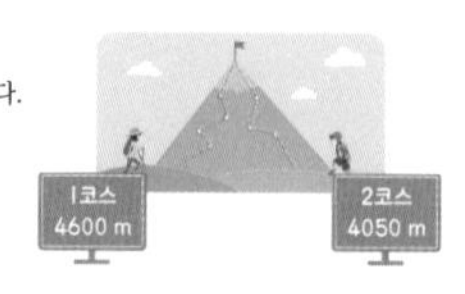

※74쪽 <서술형으로 확인>의 답은 정답 및 해설 36쪽에서 확인하세요.

6 꿀물의 진하기 $= \frac{\text{꿀의 양}}{\text{꿀물의 양}}$

한샘 : $\frac{40}{240} = \frac{10}{60}$

영주 : $\frac{63}{420} = \frac{9}{60}$

➡ $\frac{10}{60} > \frac{9}{60}$ 이므로 한샘이가 만든 꿀물이 더 진합니다.

7 인구 밀도 $= \frac{\text{인구}}{\text{넓이}}$

행복 마을 : $\frac{2040}{24} = 85$(명/km^2)

사랑 마을 : $\frac{2700}{30} = 90$(명/km^2)

푸른 마을 : $\frac{5200}{65} = 80$(명/km^2)

➡ $90 > 85 > 80$ 이므로 인구 밀도가 가장 큰 마을은 사랑 마을입니다.

8 빠르기 $= \frac{\text{거리}}{\text{시간}}$

수아(1코스) : $\frac{4600}{115} = 40$(m/분)

로아(2코스) : $\frac{4050}{90} = 45$(m/분)

➡ $40 < 45$ 이므로 로아가 더 빠릅니다.

78 79

1 백분율의 뜻

▶ 정답 및 해설 20쪽

2413

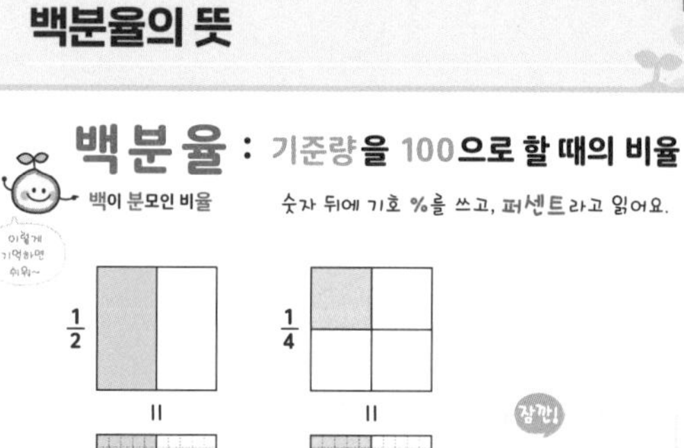

백분율 : 기준량을 100으로 할 때의 비율
백이 분모인 비율
숫자 뒤에 기호 %를 쓰고, 퍼센트라고 읽어요.
1/2
50/100
50 %
읽기 : 50 퍼센트

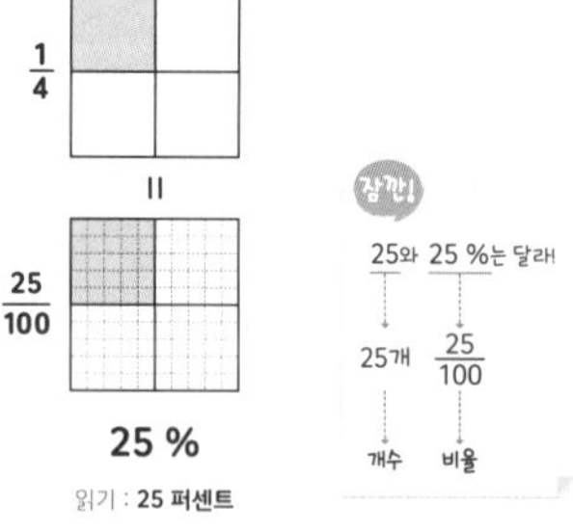

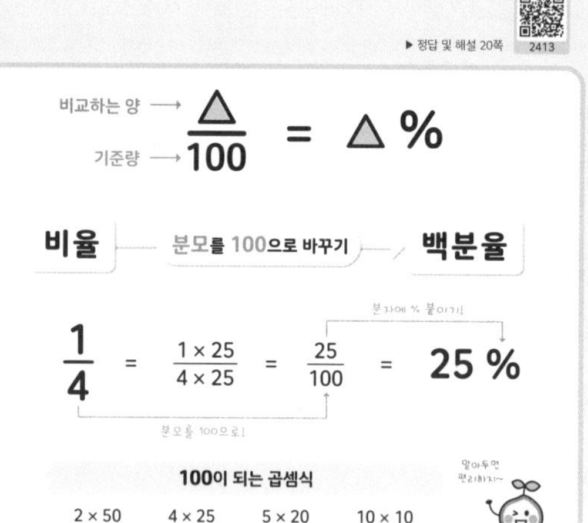

비교하는 양
기준량
△/100 = △ %
비율
분모를 100으로 바꾸기
백분율
1/4 = (1 × 25)/(4 × 25) = 25/100 = 25 %
100이 되는 곱셈식
2 × 50
4 × 25
5 × 20
10 × 10

개념 익히기 1

백분율만큼 색칠하세요.

01 2 %

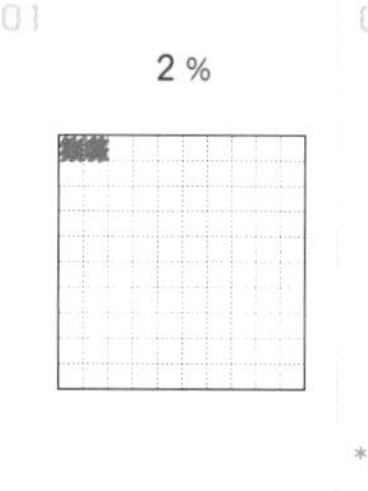

02 40 %

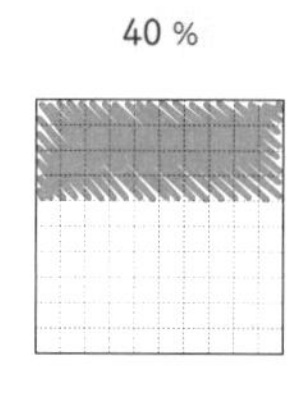

03 35 %

*색칠한 위치가 달라도 색칠한 칸 수가 같으면 정답입니다.

개념 익히기 2

빈칸을 알맞게 채우세요.

01 $\frac{9}{100}$ = [9] %

02 $\frac{34}{100}$ = [34] %

03 $\frac{57}{100}$ = [57] %

80 81

개념 다지기 1

그림을 보고 빈칸을 알맞게 채우세요.

01

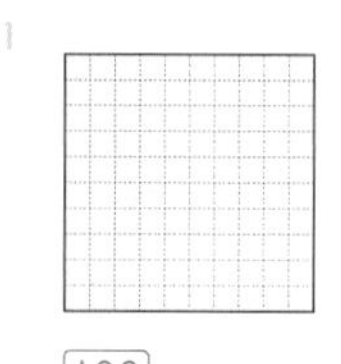

$\frac{[100]}{100}$ = [100] %

02

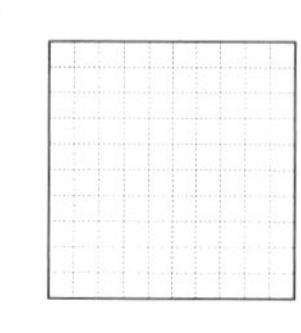

$\frac{[1]}{100}$ = [1] %

03

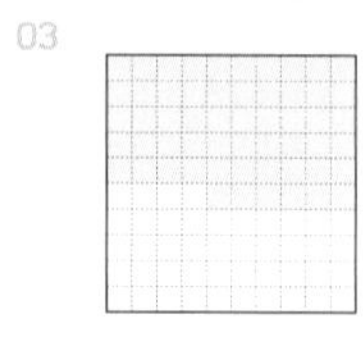

$\frac{[56]}{100}$ = [56] %

04

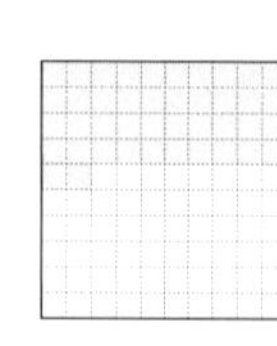

$\frac{[42]}{100}$ = [42] %

05

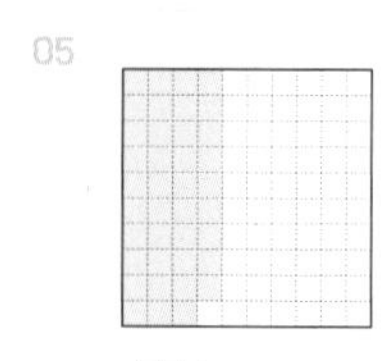

$\frac{[39]}{100}$ = [39] %

06

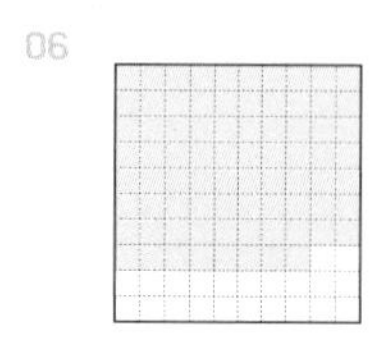

$\frac{[78]}{100}$ = [78] %

▶ 정답 및 해설 20쪽

개념 다지기 2

분모를 100으로 바꾸어 백분율로 나타내는 과정입니다. 빈칸을 알맞게 채우세요.

01 $\frac{1}{10} = \frac{1 \times [10]}{10 \times [10]} = \frac{[10]}{100}$ = [10] %

02 $\frac{19}{50} = \frac{19 \times [2]}{50 \times [2]} = \frac{[38]}{100}$ = [38] %

03 $\frac{1}{4} = \frac{1 \times [25]}{4 \times [25]} = \frac{[25]}{100}$ = [25] %

04 $\frac{4}{5} = \frac{4 \times [20]}{5 \times [20]} = \frac{[80]}{100}$ = [80] %

05 $\frac{17}{20} = \frac{17 \times [5]}{20 \times [5]} = \frac{[85]}{[100]}$ = [85] %

06 $\frac{21}{25} = \frac{21 \times [4]}{25 \times [4]} = \frac{[84]}{[100]}$ = [84] %

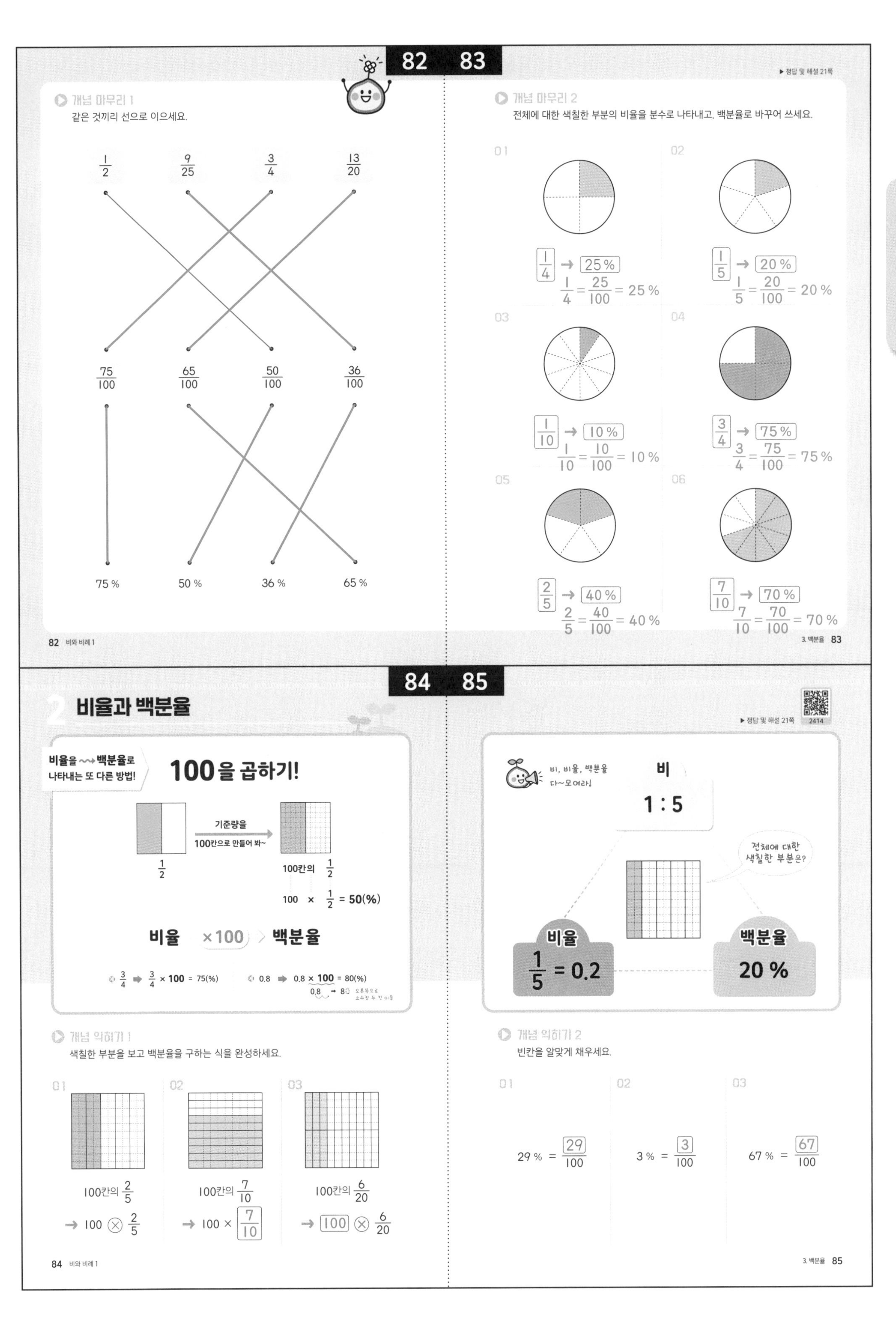

82 83

▶ 정답 및 해설 21쪽

개념 마무리 1

같은 것끼리 선으로 이으세요.

$\frac{1}{2}$ $\frac{9}{25}$ $\frac{3}{4}$ $\frac{13}{20}$

$\frac{75}{100}$ $\frac{65}{100}$ $\frac{50}{100}$ $\frac{36}{100}$

75 % 50 % 36 % 65 %

82 비와 비례 1

개념 마무리 2

전체에 대한 색칠한 부분의 비율을 분수로 나타내고, 백분율로 바꾸어 쓰세요.

01 $\frac{1}{4}$ → 25 %

$\frac{1}{4}=\frac{25}{100}=25\ \%$

02 $\frac{1}{5}$ → 20 %

$\frac{1}{5}=\frac{20}{100}=20\ \%$

03 $\frac{1}{10}$ → 10 %

$\frac{1}{10}=\frac{10}{100}=10\ \%$

04 $\frac{3}{4}$ → 75 %

$\frac{3}{4}=\frac{75}{100}=75\ \%$

05 $\frac{2}{5}$ → 40 %

$\frac{2}{5}=\frac{40}{100}=40\ \%$

06 $\frac{7}{10}$ → 70 %

$\frac{7}{10}=\frac{70}{100}=70\ \%$

3. 백분율 83

84 85

2 비율과 백분율

비율을 ⤳ 백분율로 나타내는 또 다른 방법!

100을 곱하기!

기준량을 100칸으로 만들어 봐~

$\frac{1}{2}$

100칸의 $\frac{1}{2}$

$100 \times \frac{1}{2} = 50(\%)$

비율 ×100 백분율

$\frac{3}{4}$ ➡ $\frac{3}{4} \times 100 = 75(\%)$

0.8 ➡ $0.8 \times 100 = 80(\%)$

0.8 → 80 오른쪽으로 소수점 두 번 이동

▶ 정답 및 해설 21쪽

2414

비, 비율, 백분율 다~모여라!

비

1 : 5

전체에 대한 색칠한 부분은?

비율 $\frac{1}{5}=0.2$

백분율 20 %

개념 익히기 1

색칠한 부분을 보고 백분율을 구하는 식을 완성하세요.

01 100칸의 $\frac{2}{5}$

→ 100 ⊗ $\frac{2}{5}$

02 100칸의 $\frac{7}{10}$

→ 100 × $\frac{7}{10}$

03 100칸의 $\frac{6}{20}$

→ 100 ⊗ $\frac{6}{20}$

84 비와 비례 1

개념 익히기 2

빈칸을 알맞게 채우세요.

01 29 % = $\frac{29}{100}$

02 3 % = $\frac{3}{100}$

03 67 % = $\frac{67}{100}$

3. 백분율 85

정답 및 해설

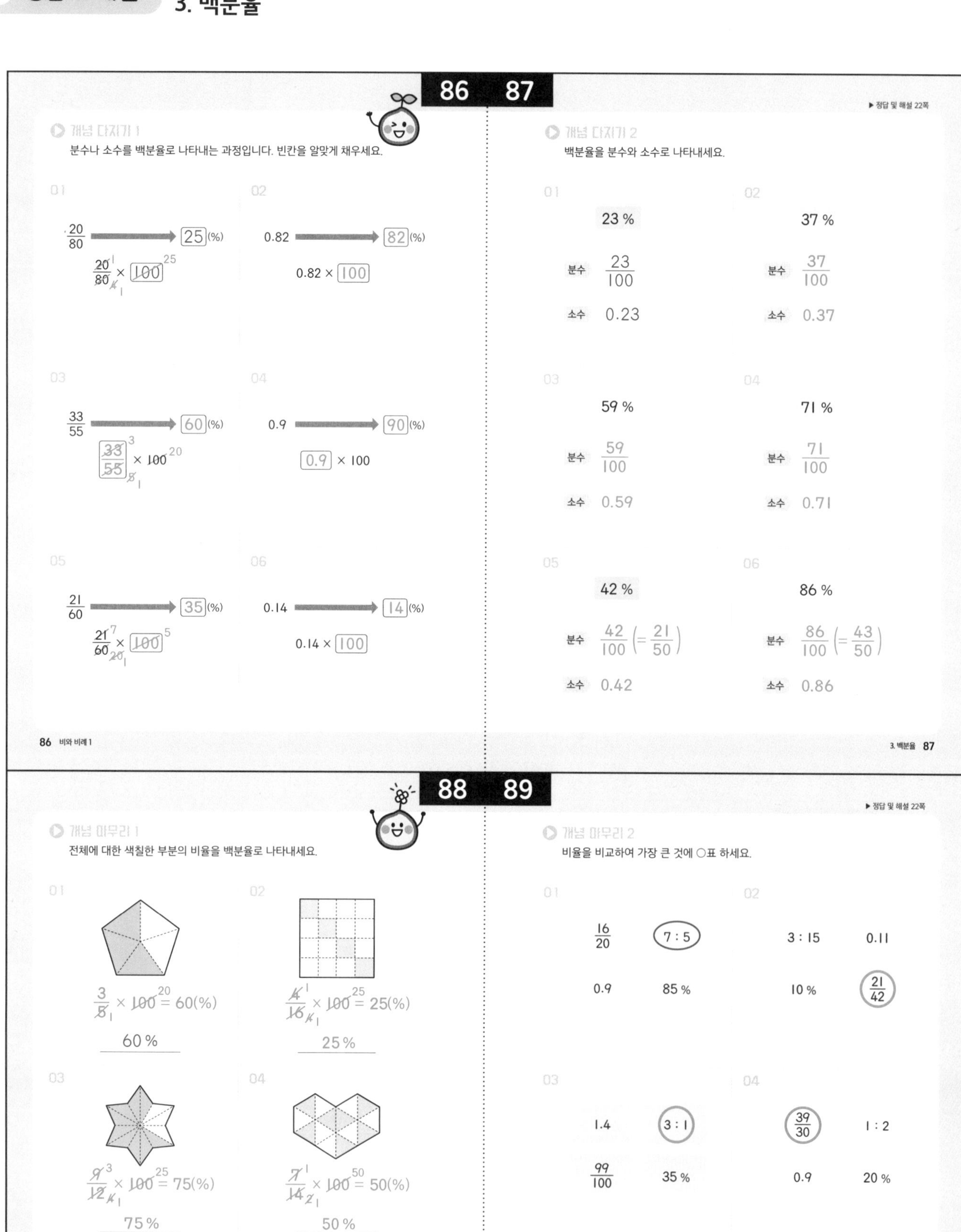
86 87

개념 다지기 1
분수나 소수를 백분율로 나타내는 과정입니다. 빈칸을 알맞게 채우세요.

01 $\frac{20}{80}$ → 25(%)
$\frac{20}{80} \times 100 $

02 0.82 → 82(%)
0.82 × 100

03 $\frac{33}{55}$ → 60(%)
$\frac{33}{55} \times 100$

04 0.9 → 90(%)
0.9 × 100

05 $\frac{21}{60}$ → 35(%)
$\frac{21}{60} \times 100$

06 0.14 → 14(%)
0.14 × 100

86 비와 비례 1

▶ 정답 및 해설 22쪽

개념 다지기 2
백분율을 분수와 소수로 나타내세요.

01 23 %
분수 $\frac{23}{100}$
소수 0.23

02 37 %
분수 $\frac{37}{100}$
소수 0.37

03 59 %
분수 $\frac{59}{100}$
소수 0.59

04 71 %
분수 $\frac{71}{100}$
소수 0.71

05 42 %
분수 $\frac{42}{100}\left(=\frac{21}{50}\right)$
소수 0.42

06 86 %
분수 $\frac{86}{100}\left(=\frac{43}{50}\right)$
소수 0.86

3. 백분율 87

88 89

개념 마무리 1
전체에 대한 색칠한 부분의 비율을 백분율로 나타내세요.

01 $\frac{3}{5} \times 100 = 60(\%)$
60 %

02 $\frac{4}{16} \times 100 = 25(\%)$
25 %

03 $\frac{9}{12} \times 100 = 75(\%)$
75 %

04 $\frac{7}{14} \times 100 = 50(\%)$
50 %

05 $\frac{17}{20} \times 100 = 85(\%)$
85 %

06 $\frac{3}{15} \times 100 = 20(\%)$
20 %

88 비와 비례 1

▶ 정답 및 해설 22쪽

개념 마무리 2
비율을 비교하여 가장 큰 것에 ○표 하세요.

01 $\frac{16}{20}$, (7 : 5), 0.9, 85 %

02 3 : 15, 0.11, 10 %, ($\frac{21}{42}$)

03 1.4, (3 : 1), $\frac{99}{100}$, 35 %

04 ($\frac{39}{30}$), 1 : 2, 0.9, 20 %

05 $\frac{7}{20}$, 9 %, (0.7), 6 : 10

06 8 : 25, 0.59, (73 %), $\frac{31}{50}$

3. 백분율 89

89쪽

01

$\frac{16}{20} = \frac{80}{100}$

7 : 5 → $\frac{7}{5} = \frac{140}{100}$ (circled)

0.9 $= \frac{9}{10} = \frac{90}{100}$

85 % $= \frac{85}{100}$

02

3 : 15 → $\frac{3}{15} = \frac{1}{5} = \frac{20}{100}$

0.11 $= \frac{11}{100}$

10 % $= \frac{10}{100}$

$\frac{21}{42} = \frac{1}{2} = \frac{50}{100}$ (circled)

03

1.4 $= \frac{14}{10} = \frac{140}{100}$

3 : 1 → $\frac{3}{1} = \frac{300}{100}$ (circled)

$\frac{99}{100}$

35 % $= \frac{35}{100}$

04

$\frac{39}{30} = \frac{13}{10} = \frac{130}{100}$ (circled)

1 : 2 → $\frac{1}{2} = \frac{50}{100}$

0.9 $= \frac{9}{10} = \frac{90}{100}$

20 % $= \frac{20}{100}$

05

$\frac{7}{20} = \frac{35}{100}$

9 % $= \frac{9}{100}$

0.7 $= \frac{7}{10} = \frac{70}{100}$ (circled)

6 : 10 → $\frac{6}{10} = \frac{60}{100}$

06

8 : 25 → $\frac{8}{25} = \frac{32}{100}$

0.59 $= \frac{59}{100}$

73 % $= \frac{73}{100}$ (circled)

$\frac{31}{50} = \frac{62}{100}$

90 91

백분율이 사용되는 경우

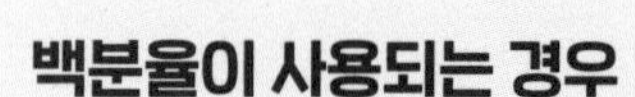

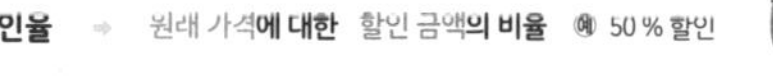

할인율 → 원래 가격에 대한 할인 금액의 비율 예 50 % 할인

득표율 → 전체 투표수에 대한 득표수의 비율 예 45 % 득표

합격률 → 전체 지원자 수에 대한 합격자 수의 비율 예 90 % 합격

접종률 → 접종 대상자 수에 대한 접종자 수의 비율 예 40 % 접종

⋮

기준량과 비교하는 양으로 비율을 구하고, 100을 곱한 결과에 %를 붙여요!

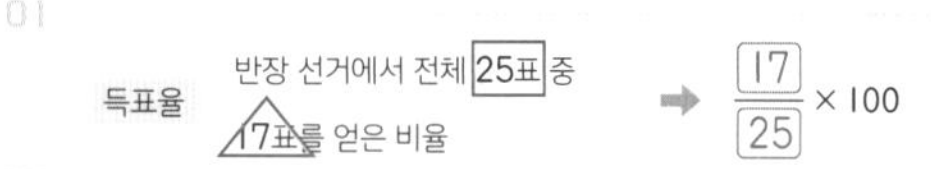

$$\text{백분율} = \frac{\text{비교하는 양}}{\text{기준량}} \times 100$$

▶ 정답 및 해설 24쪽

지하철 혼잡도

지하철 한 칸에 160명 기준으로, 탑승객 수의 비율에 따라 혼잡한 정도를 표시해~

탑승객 수 (비교하는 양)	120명	160명	240명
탑승객 수의 비율	$\frac{120}{160} < 1$	$\frac{160}{160} = 1$	$\frac{240}{160} > 1$
탑승률	$\frac{120}{160} \times 100$ = 75(%)	$\frac{160}{160} \times 100$ = 100(%)	$\frac{240}{160} \times 100$ = 150(%)
	여유	보통	혼잡

80 % 미만 → 여유
80 ~ 130 % → 보통
130 % 초과 → 혼잡

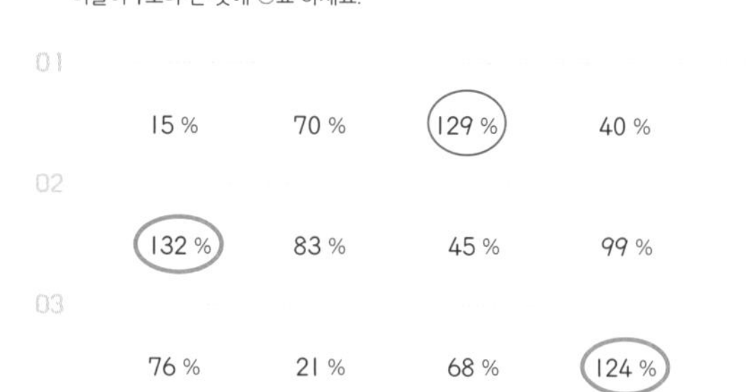

비교하는 양 < 기준량 → 백분율 < 100 % (비율 < 1)
비교하는 양 = 기준량 → 백분율 = 100 % (비율 = 1)
비교하는 양 > 기준량 → 백분율 > 100 % (비율 > 1)

개념 익히기 1

기준량에 □표, 비교하는 양에 △표 하고, 백분율을 구하는 식을 완성하세요.

01 득표율: 반장 선거에서 전체 [25표] 중 △17표를 얻은 비율 → $\frac{17}{25} \times 100$

02 승률: 농구팀이 [50경기]에 출전하여 △32경기를 이겼을 때의 비율 → $\frac{32}{50} \times 100$

03 당첨률: 이벤트에 [500명]이 응모를 하여 △10명이 당첨되었을 때의 비율 → $\frac{10}{500} \times 100$

개념 익히기 2

비율이 1보다 큰 것에 ○표 하세요.

01 15 % / 70 % / (129 %) / 40 %

02 (132 %) / 83 % / 45 % / 99 %

03 76 % / 21 % / 68 % / (124 %)

92 93

개념 다지기 1

문장을 읽고 ○ 안에 >, =, <를 알맞게 쓰세요.

01 열차 한 대의 좌석이 400석일 때, 탑승자가 400명입니다.
→ 탑승률 (=) 100 % (비교하는 양 400 = 기준량 400) → 백분율 = 100 %

02 10명을 선발하는 오디션에 20명이 지원을 했습니다.
→ 경쟁률 (>) 100 % (비교하는 양 20 > 기준량 10) → 백분율 > 100 %

03 공장에서 만든 휴대폰 300대 중에서 불량품이 6대입니다.
→ 불량률 (<) 100 % (비교하는 양 6 < 기준량 300) → 백분율 < 100 %

04 공연장의 객석은 200석인데 입장객이 250명입니다.
→ 입장률 (>) 100 % (비교하는 양 250 > 기준량 200) → 백분율 > 100 %

05 20 g짜리 반지에 순금이 15 g 포함되어 있습니다.
→ 반지의 순금 함량 비율 (<) 100 % (비교하는 양 15 < 기준량 20) → 백분율 < 100 %

06 새싹 서점에 있는 수학책이 500권인데 한 달 동안 수학책 500권을 판매했습니다.
→ 수학책의 한 달 판매율 (=) 100 % (비교하는 양 500 = 기준량 500) → 백분율 = 100 %

▶ 정답 및 해설 24쪽

개념 다지기 2

빈칸을 알맞게 채우세요.

01 은영이네 반 학생은 30명입니다. 그중에서 오늘 출석한 학생이 27명일 때, 출석률은 몇 %일까요?
$\frac{27}{30} \times 100 = 90$ (%)

02 상민이네 학교 축구부는 올해 16번의 경기에서 12번 이겼습니다. 올해 축구부의 승률은 몇 %일까요?
$\frac{12}{16} \times 100 = 75$ (%)

03 학교 주차장에 차를 80대까지 주차할 수 있습니다. 주차된 차가 64대일 때, 주차장에 주차된 비율은 몇 %일까요?
$\frac{64}{80} \times 100 = 80$ (%)

04 컴퓨터 자격증 시험의 응시자는 200명입니다. 합격자가 140명일 때, 합격률은 몇 %일까요?
$\frac{140}{200} \times 100 = 70$ (%)

05 어린이 버스 요금이 1000원이었는데 300원이 올랐습니다. 어린이 버스 요금의 인상률은 몇 %일까요?
$\frac{300}{1000} \times 100 = 30$ (%)

06 지혜네 학교 6학년 학생 140명 중에서 77명이 독감 예방 접종을 했습니다. 이때, 독감 예방 접종률은 몇 %일까요?
$\frac{77}{140} \times 100 = 55$ (%)

94 95

▶ 정답 및 해설 25쪽

개념 마무리 1

물음에 답하세요.

01 지훈이네 학교 축구부는 8경기 중에서 6경기를 이겼습니다. 축구부의 승률은 몇 %일까요?

식 $\frac{6}{8} \times 100 = 75(\%)$ 답 75 %

02 공장에서 생산한 인형 400개 중에서 360개를 판매했습니다. 인형의 판매율은 몇 %일까요?

식 $\frac{360}{400} \times 100 = 90(\%)$ 답 90 %

03 200명이 참가한 마라톤 대회에서 174명이 완주를 했습니다. 마라톤 대회에 참가한 사람들의 완주율은 몇 %일까요?

식 $\frac{174}{200} \times 100 = 87(\%)$ 답 87 %

04 어느 리조트의 객실이 100개인데 휴가철에 모든 객실이 예약되었습니다. 이 리조트의 객실 예약률은 몇 %일까요?

식 $\frac{100}{100} \times 100 = 100(\%)$ 답 100 %

05 수학 시험을 본 학생 300명 중에서 1번 문제를 틀린 학생이 60명일 때, 1번 문제의 오답률은 몇 %일까요?

식 $\frac{60}{300} \times 100 = 20(\%)$ 답 20 %

06 제빵 자격시험에 150명이 응시했습니다. 합격자 수가 120명일 때, 합격률은 몇 %일까요?

식 $\frac{120}{150} \times 100 = 80(\%)$ 답 80 %

개념 마무리 2

표를 완성하고, 빈칸을 알맞게 채우세요.

01 체험 활동 장소에 찬성하는 학생 수를 조사했습니다.

	1반	2반
반 전체 학생 수(명)	22	25
찬성하는 학생 수(명)	11	19
찬성률(%)	50	76

2반 의 찬성률이 더 높습니다.

02 지수와 윤하는 농구 연습을 했습니다.

	지수	윤하
던진 횟수(회)	16	10
넣은 횟수(회)	12	7
골 성공률(%)	75	70

지수 의 골 성공률이 더 높습니다.

03 5학년과 6학년 학생들이 과학 캠프를 신청했습니다.

	5학년	6학년
전체 학생 수(명)	200	180
신청자 수(명)	190	162
신청률(%)	95	90

6학년 의 신청률이 더 낮습니다.

04 진우네 팀과 준호네 팀의 축구 경기 기록입니다.

	진우네 팀	준호네 팀
경기 횟수(회)	30	35
이긴 횟수(회)	21	28
승률(%)	70	80

진우 네 팀의 승률이 더 낮습니다.

05 경수와 준서가 야구 연습을 했습니다.

	경수	준서
전체 타수(회)	25	20
안타 수(회)	19	12
타율(%)	76	60

경수 의 타율이 더 높습니다.

06 매스버스 웹사이트에서 온라인 평가를 진행한 결과입니다.

	진단 평가	학기 평가
응시자 수(명)	120	500
만점자 수(명)	54	430
만점률(%)	45	86

학기 평가 의 만점률이 더 높습니다.

95쪽

01

1반 : $\frac{11}{22} \times 100 = 50(\%)$

2반 : $\frac{19}{25} \times 100 = 76(\%)$

➡ 2반의 찬성률이 더 높습니다.

02

지수 : $\frac{12}{16} \times 100 = 75(\%)$

윤하 : $\frac{7}{10} \times 100 = 70(\%)$

➡ 지수의 골 성공률이 더 높습니다.

03

5학년 : $\frac{190}{200} \times 100 = 95(\%)$

6학년 : $\frac{162}{180} \times 100 = 90(\%)$

➡ 6학년의 신청률이 더 낮습니다.

04

진우네 팀 : $\frac{21}{30} \times 100 = 70(\%)$

준호네 팀 : $\frac{28}{35} \times 100 = 80(\%)$

➡ 진우네 팀의 승률이 더 낮습니다.

05

경수 : $\frac{19}{25} \times 100 = 76(\%)$

준서 : $\frac{12}{20} \times 100 = 60(\%)$

➡ 경수의 타율이 더 높습니다.

06

진단 평가 : $\frac{54}{120} \times 100 = 45(\%)$

학기 평가 : $\frac{430}{500} \times 100 = 86(\%)$

➡ 학기 평가의 만점률이 더 높습니다.

백분율을 사용한 진하기

▶ 정답 및 해설 26쪽

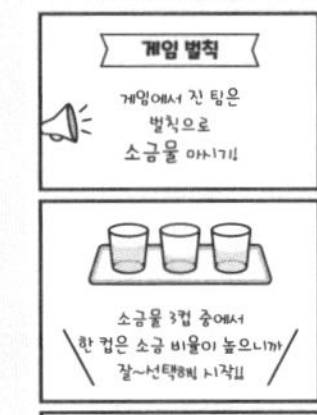

소금물의 진하기

소금물에 대한 소금의 비율 = $\frac{\text{소금의 양}}{\text{소금물의 양}}$

소금물 여러 개의 진하기를 비교할 때~

$\frac{30}{150}$ → 20%, $\frac{30}{50}$ → 60%, $\frac{9}{90}$ → 10%

➡ 백분율을 사용하면 편리해!

소금물의 진하기 = $\frac{\text{소금의 양}}{\text{소금물의 양}} \times 100$ (소금)+(물)

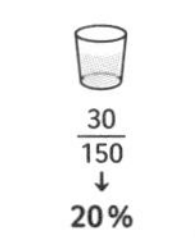

단맛의 정도, **설탕물의 진하기**를 비교해보자~

물 450 g에 설탕 50 g을 녹여서 설탕물 500 g이 되었습니다.

설탕물의 진하기는, $\frac{50}{500} \times 100 = 10(\%)$

물 70 g에 설탕 30 g을 녹여서 설탕물 100 g이 되었습니다.

설탕물의 진하기는, $\frac{30}{100} \times 100 = 30(\%)$ 단맛이 더 진해요!

개념 익히기 1

진하기를 구하려고 합니다. 빈칸을 알맞게 채우세요.

01 물 120 g에 코코아 가루 40 g을 타서 핫초코 160 g이 되었습니다. 핫초코 양에 대한 코코아 가루 양의 비율 → $\frac{40}{160}$

02 물 272 g에 소금 48 g을 섞어서 소금물 320 g이 되었습니다. 소금물 양에 대한 소금 양의 비율 → $\frac{48}{320}$

03 물 680 g에 카레 가루 170 g을 섞어서 카레 850 g이 되었습니다. 카레 양에 대한 카레 가루 양의 비율 → $\frac{170}{850}$

개념 익히기 2

진하기를 백분율로 나타내려고 합니다. 빈칸을 알맞게 채우세요.

01 소금물 40 g에 들어 있는 소금이 24 g일 때, 소금물의 진하기: $\frac{24}{40} \times 100 = 60(\%)$

02 설탕물 80 g에 들어 있는 설탕이 32 g일 때, 설탕물의 진하기: $\frac{32}{80} \times 100 = 40(\%)$

03 사과주스 120 g에 들어 있는 사과 원액이 18 g일 때, 사과주스의 진하기: $\frac{18}{120} \times 100 = 15(\%)$

98 99

개념 다지기 1

문장을 읽고 빈칸을 알맞게 채우세요.

01 물 200 g에 녹차 가루 50 g을 섞어서 녹차를 만들었습니다.
녹차의 양: 200 + 50 = 250(g)
진하기: $\frac{50}{250} \times 100 = 20(\%)$

02 물 180 g에 소금 120 g을 녹여서 소금물을 만들었습니다.
소금물의 양: 180 + 120 = 300(g)
진하기: $\frac{120}{300} \times 100 = 40(\%)$

03 설탕 144 g을 물 256 g에 녹여서 설탕물을 만들었습니다.
설탕물의 양: 144 + 256 = 400(g)
진하기: $\frac{144}{400} \times 100 = 36(\%)$

04 코코아 가루 78 g과 물 182 g을 섞어서 핫초코를 만들었습니다.
핫초코의 양: 78 + 182 = 260(g)
진하기: $\frac{78}{260} \times 100 = 30(\%)$

05 물 120 g에 소금 40 g을 녹여서 소금물을 만들었습니다.
소금물의 양: 120 + 40 = 160(g)
진하기: $\frac{40}{160} \times 100 = 25(\%)$

06 물 308 g에 설탕 42 g을 녹여서 설탕물을 만들었습니다.
설탕물의 양: 308 + 42 = 350(g)
진하기: $\frac{42}{350} \times 100 = 12(\%)$

▶ 정답 및 해설 26쪽

개념 다지기 2

주어진 과일 원액을 사용하여 주스를 만들었습니다. 물음에 답하세요.

포도 원액 54 mL / 레몬 원액 180 mL / 키위 원액 56 mL / 딸기 원액 70 mL

01 물 81 mL에 포도 원액을 모두 섞어서 포도주스를 만들었습니다. 포도주스의 진하기는 몇 %일까요?
식 81 + 54 = 135, $\frac{54}{135} \times 100 = 40(\%)$ 답 40 %

02 물 130 mL에 딸기 원액을 모두 섞어서 딸기주스를 만들었습니다. 딸기주스의 진하기는 몇 %일까요?
식 130 + 70 = 200, $\frac{70}{200} \times 100 = 35(\%)$ 답 35 %

03 레몬 원액 전체와 물 220 mL를 섞어서 레몬주스를 만들었습니다. 레몬주스의 진하기는 몇 %일까요?
식 180 + 220 = 400, $\frac{180}{400} \times 100 = 45(\%)$ 답 45 %

04 키위 원액 전체와 물 224 mL를 섞어서 키위주스를 만들었습니다. 키위주스의 진하기는 몇 %일까요?
식 56 + 224 = 280, $\frac{56}{280} \times 100 = 20(\%)$ 답 20 %

100 101

▶ 정답 및 해설 27쪽

개념 마무리 1

물에 소금을 넣어서 소금물을 만들었습니다. 물음에 답하세요.

이름	기현	종민	세아	수진
소금의 양(g)	60	51	40	72
물의 양(g)	90	99	160	128
소금물의 양(g)	150	150	200	200

01 소금을 가장 많이 넣은 사람은 누구일까요?

수진

02 표의 빈칸을 알맞게 채우세요.

03 기현이가 만든 소금물의 진하기는 몇 %일까요?

$\frac{60}{150}\times 100=40(\%)$ 40 %

04 수진이가 만든 소금물의 진하기는 몇 %일까요?

$\frac{72}{200}\times 100=36(\%)$ 36 %

05 소금물을 가장 진하게 만든 사람은 누구일까요?

종민 : $\frac{51}{150}\times 100=34(\%)$

세아 : $\frac{40}{200}\times 100=20(\%)$

기현

개념 마무리 2

2417

사다리타기를 할 때, 지나는 곳에 적힌 양만큼 꿀을 넣어서 꿀물을 만들었습니다. 꿀물이 진한 순서대로 1, 2, 3, 4, 5를 쓰세요.

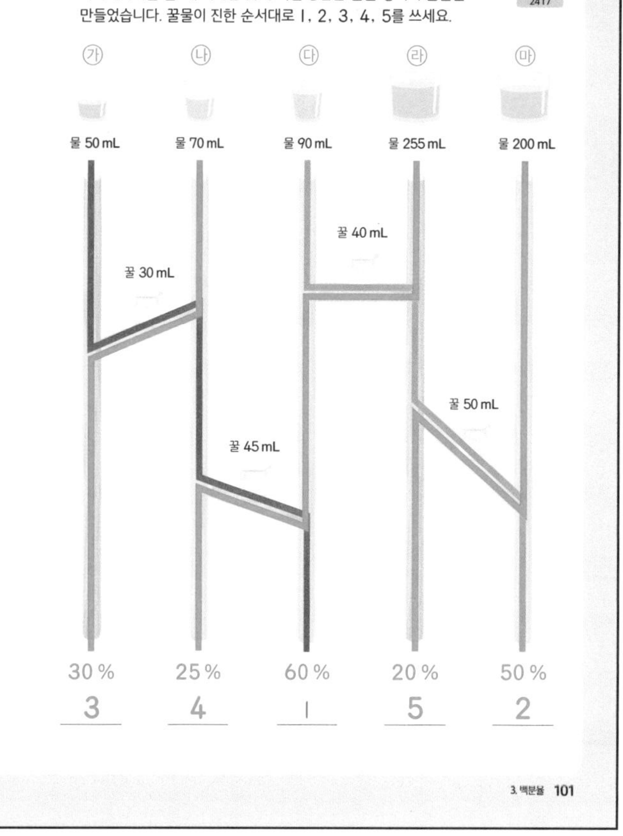

100 비와 비례 1

3. 백분율 101

101쪽

㉮ 꿀물의 양 : $50+\underbrace{30+45}_{\text{꿀의 양}}=125(\text{mL})$

진하기 : $\frac{75}{125}\times 100=60(\%)$

㉯ 꿀물의 양 : $70+\underbrace{30}_{\text{꿀의 양}}=100(\text{mL})$

진하기 : $\frac{30}{100}\times 100=30(\%)$

㉰ 꿀물의 양 : $90+\underbrace{40+50}_{\text{꿀의 양}}=180(\text{mL})$

진하기 : $\frac{90}{180}\times 100=50(\%)$

㉱ 꿀물의 양 : $255+\underbrace{40+45}_{\text{꿀의 양}}=340(\text{mL})$

진하기 : $\frac{85}{340}\times 100=25(\%)$

㉲ 꿀물의 양 : $200+\underbrace{50}_{\text{꿀의 양}}=250(\text{mL})$

진하기 : $\frac{50}{250}\times 100=20(\%)$

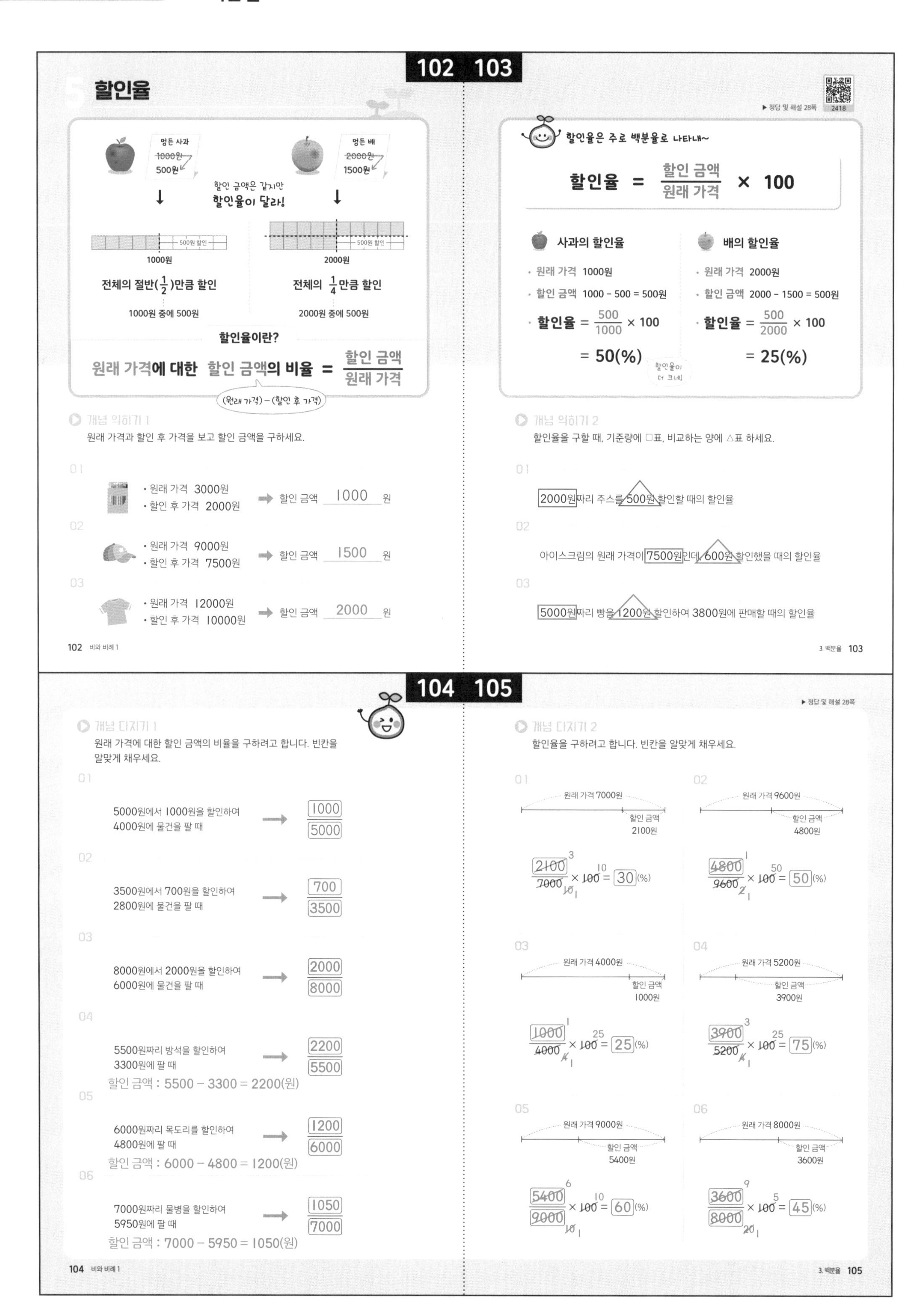

102 103

5 할인율

멍든 사과 ~~1000원~~ 500원

멍든 배 ~~2000원~~ 1500원

할인 금액은 같지만 할인율이 달라!

1000원 (500원 할인)

2000원 (500원 할인)

전체의 절반($\frac{1}{2}$)만큼 할인 — 1000원 중에 500원

전체의 $\frac{1}{4}$만큼 할인 — 2000원 중에 500원

할인율이란?

원래 가격에 대한 할인 금액의 비율 = $\frac{\text{할인 금액}}{\text{원래 가격}}$

(원래 가격) − (할인 후 가격)

할인율은 주로 백분율로 나타내~

$$\text{할인율} = \frac{\text{할인 금액}}{\text{원래 가격}} \times 100$$

사과의 할인율
- 원래 가격 1000원
- 할인 금액 1000 − 500 = 500원
- 할인율 = $\frac{500}{1000} \times 100$ = 50(%)

할인율이 더 크네!

배의 할인율
- 원래 가격 2000원
- 할인 금액 2000 − 1500 = 500원
- 할인율 = $\frac{500}{2000} \times 100$ = 25(%)

▶ 정답 및 해설 28쪽 2418

개념 익히기 1

원래 가격과 할인 후 가격을 보고 할인 금액을 구하세요.

01 • 원래 가격 3000원 • 할인 후 가격 2000원 → 할인 금액 1000 원

02 • 원래 가격 9000원 • 할인 후 가격 7500원 → 할인 금액 1500 원

03 • 원래 가격 12000원 • 할인 후 가격 10000원 → 할인 금액 2000 원

개념 익히기 2

할인율을 구할 때, 기준량에 □표, 비교하는 양에 △표 하세요.

01 [2000원]짜리 주스를 △500원 할인할 때의 할인율

02 아이스크림의 원래 가격이 [7500원]인데 △600원 할인했을 때의 할인율

03 [5000원]짜리 빵을 △1200원 할인하여 3800원에 판매할 때의 할인율

102 비와 비례 1 — 3. 백분율 103

104 105

개념 다지기 1

원래 가격에 대한 할인 금액의 비율을 구하려고 합니다. 빈칸을 알맞게 채우세요.

01 5000원에서 1000원을 할인하여 4000원에 물건을 팔 때 → $\frac{1000}{5000}$

02 3500원에서 700원을 할인하여 2800원에 물건을 팔 때 → $\frac{700}{3500}$

03 8000원에서 2000원을 할인하여 6000원에 물건을 팔 때 → $\frac{2000}{8000}$

04 5500원짜리 방석을 할인하여 3300원에 팔 때 → $\frac{2200}{5500}$
할인 금액 : 5500 − 3300 = 2200(원)

05 6000원짜리 목도리를 할인하여 4800원에 팔 때 → $\frac{1200}{6000}$
할인 금액 : 6000 − 4800 = 1200(원)

06 7000원짜리 물병을 할인하여 5950원에 팔 때 → $\frac{1050}{7000}$
할인 금액 : 7000 − 5950 = 1050(원)

▶ 정답 및 해설 28쪽

개념 다지기 2

할인율을 구하려고 합니다. 빈칸을 알맞게 채우세요.

01 원래 가격 7000원, 할인 금액 2100원
$\frac{2100}{7000} \times 100 = 30$(%)

02 원래 가격 9600원, 할인 금액 4800원
$\frac{4800}{9600} \times 100 = 50$(%)

03 원래 가격 4000원, 할인 금액 1000원
$\frac{1000}{4000} \times 100 = 25$(%)

04 원래 가격 5200원, 할인 금액 3900원
$\frac{3900}{5200} \times 100 = 75$(%)

05 원래 가격 9000원, 할인 금액 5400원
$\frac{5400}{9000} \times 100 = 60$(%)

06 원래 가격 8000원, 할인 금액 3600원
$\frac{3600}{8000} \times 100 = 45$(%)

104 비와 비례 1 — 3. 백분율 105

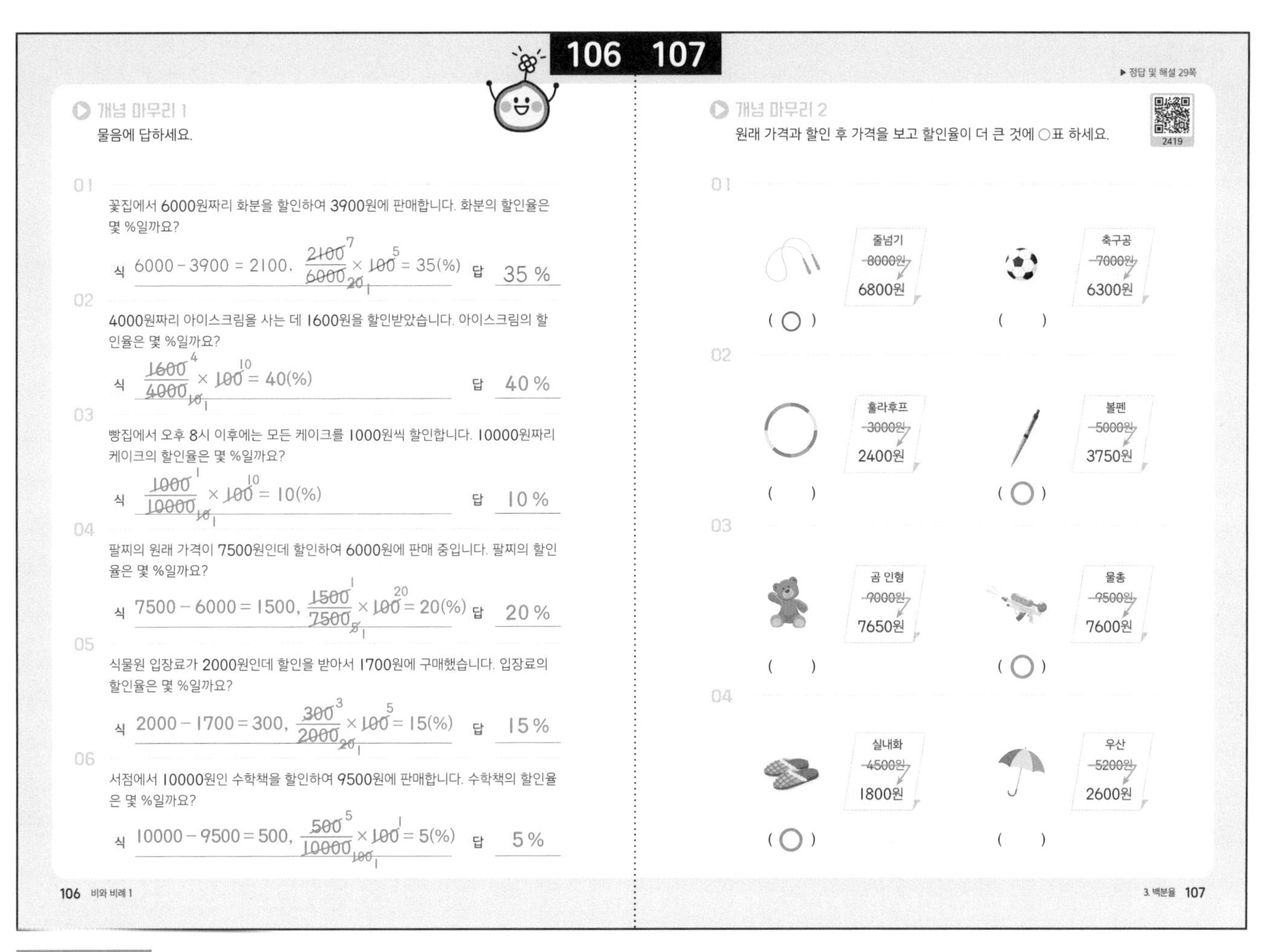

106 107

▶ 정답 및 해설 29쪽

개념 마무리 1

물음에 답하세요.

01 꽃집에서 6000원짜리 화분을 할인하여 3900원에 판매합니다. 화분의 할인율은 몇 %일까요?

식 $6000-3900=2100$, $\frac{2100}{6000}\times 100=35(\%)$ 답 35 %

02 4000원짜리 아이스크림을 사는 데 1600원을 할인받았습니다. 아이스크림의 할인율은 몇 %일까요?

식 $\frac{1600}{4000}\times 100=40(\%)$ 답 40 %

03 빵집에서 오후 8시 이후에는 모든 케이크를 1000원씩 할인합니다. 10000원짜리 케이크의 할인율은 몇 %일까요?

식 $\frac{1000}{10000}\times 100=10(\%)$ 답 10 %

04 팔찌의 원래 가격이 7500원인데 할인하여 6000원에 판매 중입니다. 팔찌의 할인율은 몇 %일까요?

식 $7500-6000=1500$, $\frac{1500}{7500}\times 100=20(\%)$ 답 20 %

05 식물원 입장료가 2000원인데 할인을 받아서 1700원에 구매했습니다. 입장료의 할인율은 몇 %일까요?

식 $2000-1700=300$, $\frac{300}{2000}\times 100=15(\%)$ 답 15 %

06 서점에서 10000원인 수학책을 할인하여 9500원에 판매합니다. 수학책의 할인율은 몇 %일까요?

식 $10000-9500=500$, $\frac{500}{10000}\times 100=5(\%)$ 답 5 %

106 비와 비례 1

개념 마무리 2

원래 가격과 할인 후 가격을 보고 할인율이 더 큰 것에 ○표 하세요.

01 줄넘기 ~~8000원~~ 6800원 (○) 축구공 ~~7000원~~ 6300원 (　)

02 훌라후프 ~~3000원~~ 2400원 (　) 볼펜 ~~5000원~~ 3750원 (○)

03 곰 인형 ~~9000원~~ 7650원 (　) 물총 ~~9500원~~ 7600원 (○)

04 실내화 ~~4500원~~ 1800원 (○) 우산 ~~5200원~~ 2600원 (　)

3. 백분율 107

107쪽

01 줄넘기의 할인 금액 :

$8000-6800=1200$(원)

줄넘기의 할인율 :

$$\frac{1200}{8000}\times 100=15(\%)$$

축구공의 할인 금액 :

$7000-6300=700$(원)

축구공의 할인율 :

$$\frac{700}{7000}\times 100=10(\%)$$

➡ 줄넘기의 할인율이 더 큽니다.

02 훌라후프의 할인 금액 :

$3000-2400=600$(원)

훌라후프의 할인율 :

$$\frac{600}{3000}\times 100=20(\%)$$

볼펜의 할인 금액 :

$5000-3750=1250$(원)

볼펜의 할인율 :

$$\frac{1250}{5000}\times 100=25(\%)$$

➡ 볼펜의 할인율이 더 큽니다.

107쪽

03 곰 인형의 할인 금액 :

$9000 - 7650 = 1350$(원)

곰 인형의 할인율 :

$\frac{1350}{9000} \times 100 = 15(\%)$

물총의 할인 금액 :

$9500 - 7600 = 1900$(원)

물총의 할인율 :

$\frac{1900}{9500} \times 100 = 20(\%)$

➡ 물총의 할인율이 더 큽니다.

04 실내화의 할인 금액 :

$4500 - 1800 = 2700$(원)

실내화의 할인율 :

$\frac{2700}{4500} \times 100 = 60(\%)$

우산의 할인 금액 :

$5200 - 2600 = 2600$(원)

우산의 할인율 :

$\frac{2600}{5200} \times 100 = 50(\%)$

➡ 실내화의 할인율이 더 큽니다.

6 득표율과 비율 그래프

▶ 정답 및 해설 31쪽 2420

전교 회장 선거에 200명이 투표를 했어요.

후보	㉮	㉯	무효표
득표수(표)	110	80	10

전체 투표수에 대한 득표수의 비율을 백분율로!

$$득표율 = \frac{득표수}{전체\ 투표수} \times 100$$

㉮ 후보의 득표율: $\frac{110}{200} \times 100 = 55(\%)$

㉯ 후보의 득표율: $\frac{80}{200} \times 100 = 40(\%)$

무효표 백분율: $\frac{10}{200} \times 100 = 5(\%)$

비율 그래프 전체를 100 %로 보고 각 항목의 비율을 나타낸 그래프

띠그래프 : 전체에 대한 각 부분의 비율을 띠 모양에 나타낸 그래프

㉮ 후보 (55 %) | ㉯ 후보 (40 %) | 무효표 (5 %)

원그래프 : 전체에 대한 각 부분의 비율을 원 모양에 나타낸 그래프

무효표 (5 %), ㉯ 후보 (40 %), ㉮ 후보 (55 %)

그래프에서 차지하는 부분이 클수록 비율이 높아~

개념 익히기 1

600명이 투표한 결과입니다. 표를 보고 빈칸을 알맞게 채우세요.

〈후보자별 득표수〉

후보	가	나	무효표
득표수(표)	198	390	12

01 가 후보의 득표율

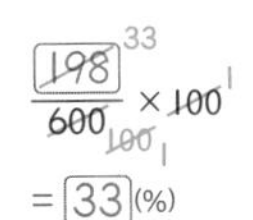

$\frac{198}{600} \times 100 = 33(\%)$

02 나 후보의 득표율

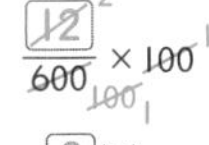

$\frac{390}{600} \times 100 = 65(\%)$

03 무효표 백분율

$\frac{12}{600} \times 100 = 2(\%)$

개념 익히기 2

빈칸을 알맞게 채우세요.

01 전체에 대한 각 부분의 비율을 띠 모양에 나타낸 그래프를 [띠그래프]라고 합니다.

02 전체에 대한 각 부분의 비율을 원 모양에 나타낸 그래프를 [원그래프]라고 합니다.

03 비율 그래프는 전체를 [100] %로 보고 각 항목의 비율을 나타낸 그래프입니다.

7 띠그래프와 원그래프 나타내기

▶ 정답 및 해설 31쪽 2421

각 항목의 백분율을 알면, **비율 그래프**로 나타낼 수 있어요.

〈반 친구들이 좋아하는 간식〉

간식	떡볶이	과일	토스트	핫도그	합계
학생 수(명)	9	2	3	6	20
백분율(%)	45	10	15	30	100

백분율의 합이 100 %인지 확인!

띠그래프로 나타내는 순서

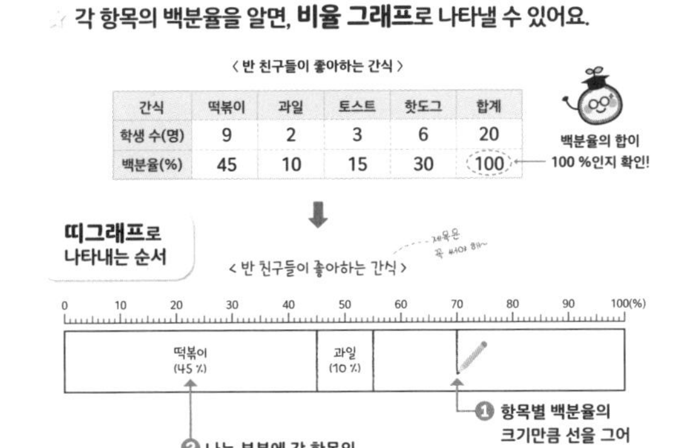

원그래프로 나타내는 순서

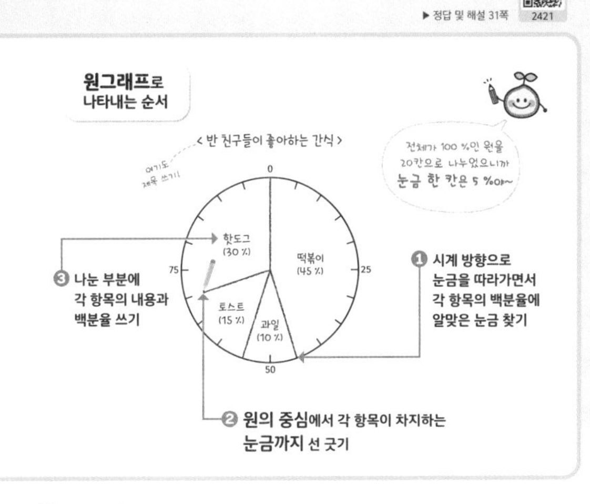

개념 익히기 1

표를 보고 띠그래프를 완성하세요.

〈받고 싶은 선물별 학생 수〉

선물	스마트폰	게임기	장난감	문화상품권	합계
학생 수(명)	20	12	8	10	50
백분율(%)	40	24	16	20	100

〈받고 싶은 선물별 학생 수〉

0 10 20 30 40 50 60 70 80 90 100(%)

스마트폰 (40 %)	게임기 (24 %)	장난감 (16 %)	문화상품권 (20 %)

개념 익히기 2

표를 보고 원그래프를 완성하세요.

〈좋아하는 운동별 학생 수〉

운동	학생 수(명)	백분율(%)
축구	8	20
농구	6	15
수영	20	50
배드민턴	6	15
합계	40	100

〈좋아하는 운동별 학생 수〉

112 113

개념 다지기 1

마을 회장 선거 투표에 1500명이 참여했습니다. 물음에 답하세요.

〈후보자별 득표수〉

후보	가	나	다	무효표
득표수(표)	630	195	615	60

01 가 후보의 득표율은 몇 %일까요?

식 $\frac{630}{1500} \times 100 = 42(\%)$ 답 42 %

02 나 후보의 득표율은 몇 %일까요?

식 $\frac{195}{1500} \times 100 = 13(\%)$ 답 13 %

03 다 후보의 득표율은 몇 %일까요?

식 $\frac{615}{1500} \times 100 = 41(\%)$ 답 41 %

04 무효표는 전체의 몇 %일까요?

식 $\frac{60}{1500} \times 100 = 4(\%)$ 답 4 %

▶ 정답 및 해설 32쪽

개념 다지기 2

하온이네 반 학생들이 좋아하는 계절을 조사하여 표로 나타냈습니다. 물음에 답하세요.

〈좋아하는 계절별 학생 수〉

계절	봄	여름	가을	겨울	합계
학생 수(명)	11	6	5	3	25

01 여름을 좋아하는 학생 수는 전체의 몇 %일까요?

식 $\frac{6}{25} \times 100 = 24$ 답 24 %

02 가을을 좋아하는 학생 수는 전체의 몇 %일까요?

식 $\frac{5}{25} \times 100 = 20(\%)$ 답 20 %

03 겨울을 좋아하는 학생 수는 전체의 몇 %일까요?

식 $\frac{3}{25} \times 100 = 12(\%)$ 답 12 %

04 띠그래프를 완성하세요.

〈좋아하는 계절별 학생 수〉

0 10 20 30 40 50 60 70 80 90 100(%)

봄(44 %)	여름 (24 %)	가을 (20 %)	겨울 (12 %)

114 115

개념 마무리 1

다현이네 학교 6학년 학생 120명의 혈액형을 조사하였습니다. 물음에 답하세요.

〈혈액형별 학생 수〉

혈액형	학생 수(명)
A형	54
B형	30
O형	24
AB형	

〈혈액형별 학생 수〉

A형 (45 %) B형 (25 %) O형 (20 %) AB형 (10 %)

0 25 50 75

01 혈액형이 AB형인 학생은 몇 명일까요?

$120 - 54 - 30 - 24 = 12$(명) 12명

02 혈액형이 B형인 학생 수는 전체의 몇 %일까요?

$\frac{30}{120} \times 100 = 25(\%)$ 25 %

03 혈액형이 O형인 학생 수는 전체의 몇 %일까요?

$\frac{24}{120} \times 100 = 20(\%)$ 20 %

04 혈액형이 AB형인 학생 수는 전체의 몇 %일까요?

$\frac{12}{120} \times 100 = 10(\%)$ 10 %

05 위의 원그래프를 완성하세요.

▶ 정답 및 해설 32쪽

개념 마무리 2

한아네 학교 학생들의 장래 희망을 조사하였습니다. 물음에 답하세요.

〈장래 희망별 학생 수〉

장래 희망	운동선수	교사	의사	크리에이터	기타
학생 수(명)	160	80	100	40	20
백분율(%)	40	20	25	10	5

01 전체 학생 수는 몇 명일까요?

$160 + 80 + 100 + 40 + 20 = 400$(명) 400명

02 표의 빈칸을 채우세요.

03 표를 보고 띠그래프로 나타내세요.

〈장래 희망별 학생 수〉

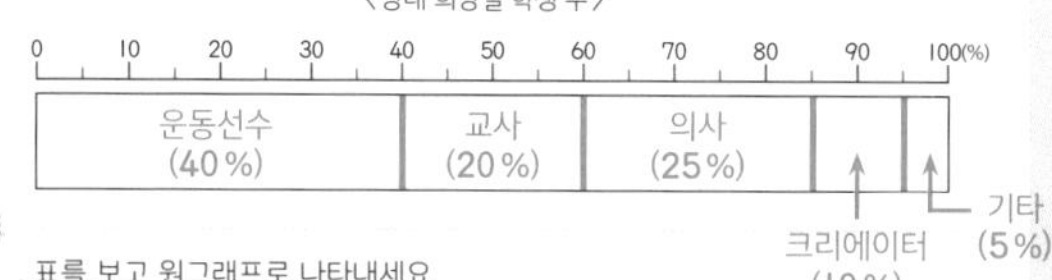

04 표를 보고 원그래프로 나타내세요.

〈장래 희망별 학생 수〉

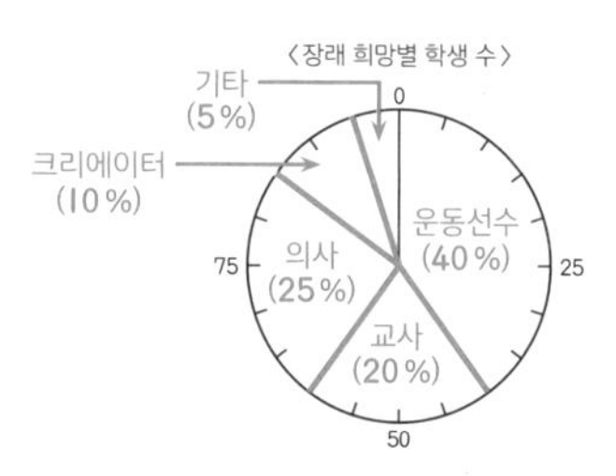

115쪽

02

의사 : $\frac{\cancel{100}^{1}}{\cancel{400}_{\cancel{4}_{1}}} \times \cancel{100}^{25} = 25(\%)$

크리에이터 : $\frac{\cancel{40}^{1}}{\cancel{400}_{\cancel{10}_{1}}} \times \cancel{100}^{10} = 10(\%)$

기타 : $\frac{\cancel{20}^{1}}{\cancel{400}_{\cancel{20}_{1}}} \times \cancel{100}^{5} = 5(\%)$

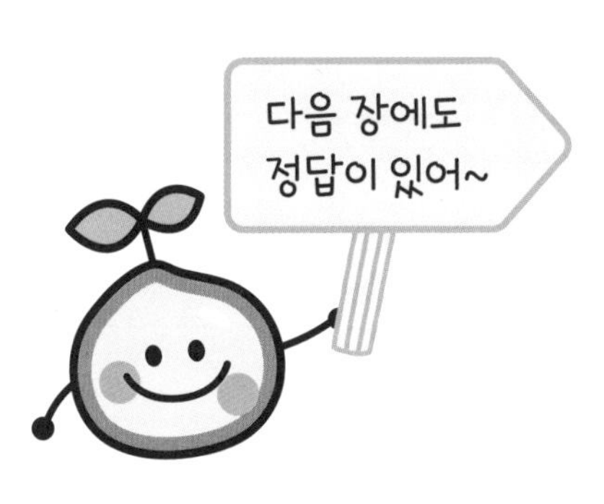

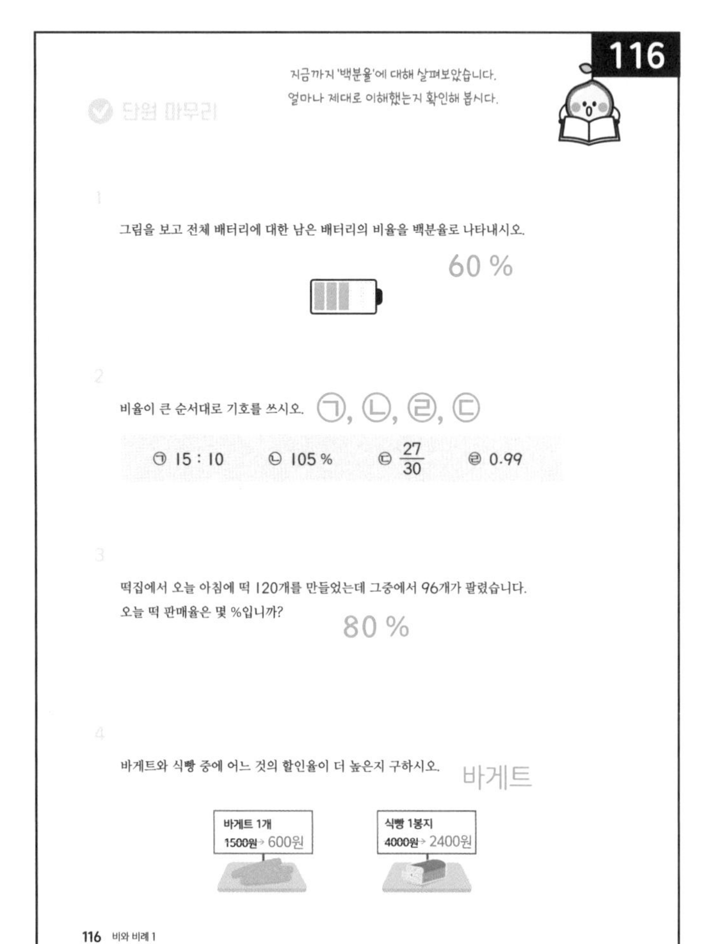

116

지금까지 '백분율'에 대해 살펴보았습니다.
얼마나 제대로 이해했는지 확인해 봅시다.

단원 마무리

1 그림을 보고 전체 배터리에 대한 남은 배터리의 비율을 백분율로 나타내시오. 60 %

2 비율이 큰 순서대로 기호를 쓰시오. ㉠, ㉡, ㉣, ㉢

㉠ 15 : 10 ㉡ 105 % ㉢ $\frac{27}{30}$ ㉣ 0.99

3 떡집에서 오늘 아침에 떡 120개를 만들었는데 그중에서 96개가 팔렸습니다. 오늘 떡 판매율은 몇 %입니까? 80 %

4 바게트와 식빵 중에 어느 것의 할인율이 더 높은지 구하시오. 바게트

바게트 1개 1500원 → 600원

식빵 1봉지 4000원 → 2400원

116 비와 비례 1

116쪽

1 $\frac{3}{\cancel{5}_1} \times \cancel{100}^{20} = 60(\%)$

2 ㉠ $15 : 10 \rightarrow \frac{15}{10} = \frac{150}{100}$

㉡ $105\% = \frac{105}{100}$

㉢ $\frac{27}{30} = \frac{9}{10} = \frac{90}{100}$

㉣ $0.99 = \frac{99}{100}$

3 $\frac{\cancel{96}^4}{\cancel{120}_{\cancel{5}_1}} \times \cancel{100}^{20} = 80(\%)$

4 바게트의 할인 금액 : $1500 - 600 = 900$(원)

바게트의 할인율 : $\frac{\cancel{900}^3}{\cancel{1500}_{\cancel{5}_1}} \times \cancel{100}^{20} = 60(\%)$

식빵의 할인 금액 : $4000 - 2400 = 1600$(원)

식빵의 할인율 : $\frac{\cancel{1600}^4}{\cancel{4000}_{\cancel{10}_1}} \times \cancel{100}^{10} = 40(\%)$

➡ 바게트의 할인율이 더 높습니다.

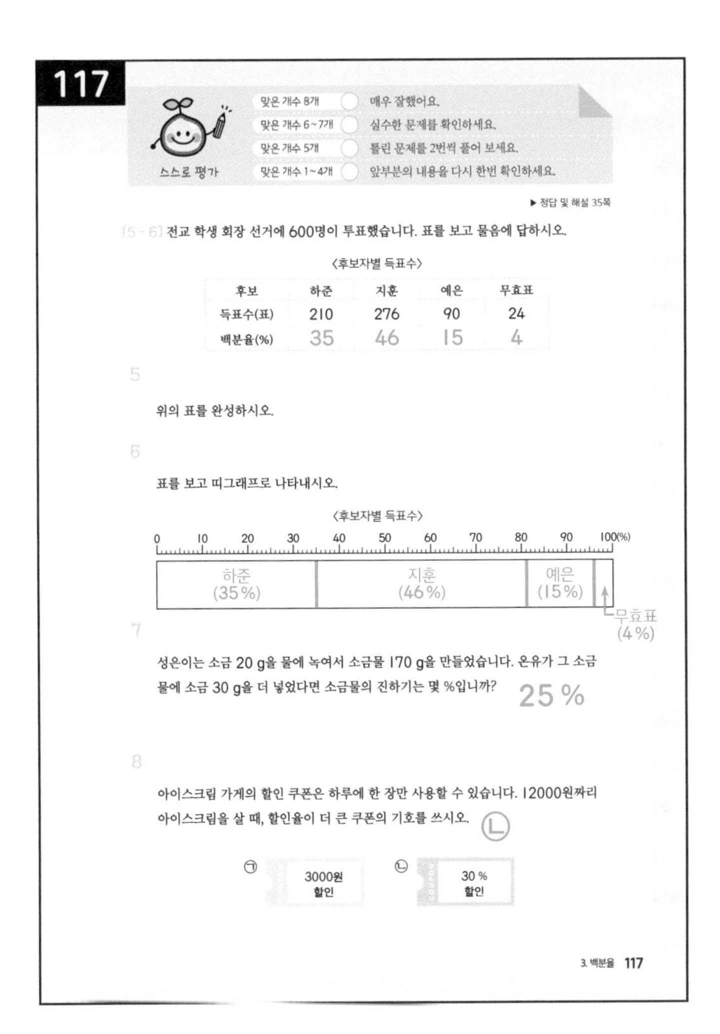

117

스스로 평가	
맞은 개수 8개	매우 잘했어요.
맞은 개수 6~7개	실수한 문제를 확인하세요.
맞은 개수 5개	틀린 문제를 2번씩 풀어 보세요.
맞은 개수 1~4개	앞부분의 내용을 다시 한번 확인하세요.

▶ 정답 및 해설 35쪽

[5~6] 전교 학생 회장 선거에 600명이 투표했습니다. 표를 보고 물음에 답하시오.

〈후보자별 득표수〉

후보	하준	지훈	예은	무효표
득표수(표)	210	276	90	24
백분율(%)	35	46	15	4

5 위의 표를 완성하시오.

6 표를 보고 띠그래프로 나타내시오.

〈후보자별 득표수〉

7 성은이는 소금 20 g을 물에 녹여서 소금물 170 g을 만들었습니다. 온유가 그 소금물에 소금 30 g을 더 넣었다면 소금물의 진하기는 몇 %입니까? 25 %

8 아이스크림 가게의 할인 쿠폰은 하루에 한 장만 사용할 수 있습니다. 12000원짜리 아이스크림을 살 때, 할인율이 더 큰 쿠폰의 기호를 쓰시오. ㉡

㉠ 3000원 할인 ㉡ 30 % 할인

3. 백분율 117

117쪽

5

하준 : $\frac{\cancel{210}^{7}}{\cancel{600}_{\cancel{20}_{1}}} \times \cancel{100}^{5} = 35(\%)$

지훈 : $\frac{\cancel{276}^{23}}{\cancel{600}_{\cancel{50}_{1}}} \times \cancel{100}^{2} = 46(\%)$

예은 : $\frac{\cancel{90}^{3}}{\cancel{600}_{\cancel{20}_{1}}} \times \cancel{100}^{5} = 15(\%)$

무효표 : $\frac{\cancel{24}^{4}}{\cancel{600}_{\cancel{100}_{1}}} \times \cancel{100}^{1} = 4(\%)$

7 소금의 양 : $20 + 30 = 50(\text{g})$

소금물의 양 : 성은이가 만든 소금물 170 g에 온유가 소금 30 g을 더 넣었으므로

$170 + 30 = 200(\text{g})$

소금물의 진하기 : $\frac{\cancel{50}^{1}}{\cancel{200}_{\cancel{4}_{1}}} \times \cancel{100}^{25} = 25(\%)$

8

㉠의 할인율 : $\frac{\cancel{3000}^{1}}{\cancel{12000}_{\cancel{4}_{1}}} \times \cancel{100}^{25} = 25(\%)$

㉡의 할인율 : 30 %

➡ ㉡의 할인율이 더 큽니다.

1. 비

2. 비율

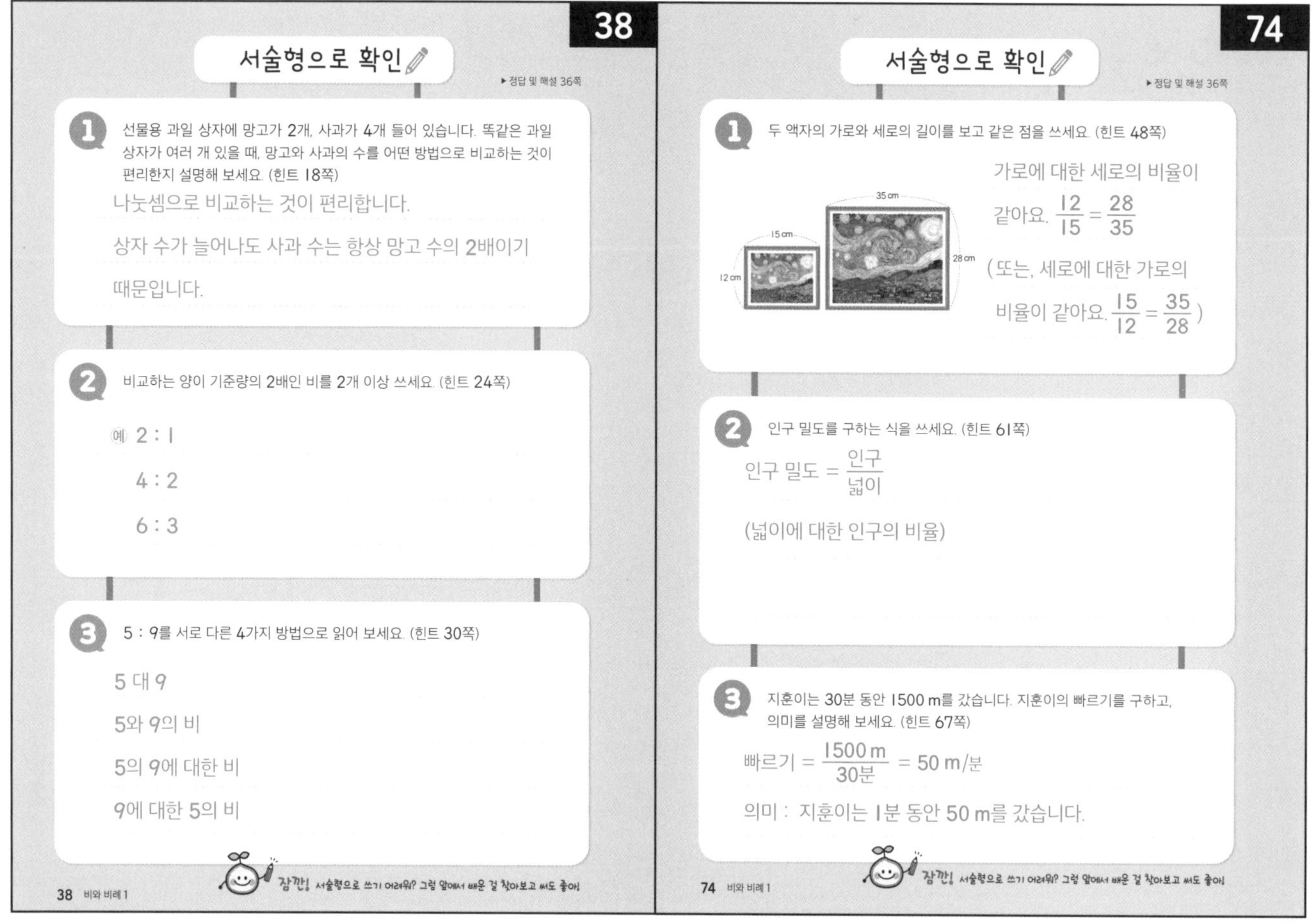

38

서술형으로 확인

▶ 정답 및 해설 36쪽

1 선물용 과일 상자에 망고가 2개, 사과가 4개 들어 있습니다. 똑같은 과일 상자가 여러 개 있을 때, 망고와 사과의 수를 어떤 방법으로 비교하는 것이 편리한지 설명해 보세요. (힌트 18쪽)

나눗셈으로 비교하는 것이 편리합니다.
상자 수가 늘어나도 사과 수는 항상 망고 수의 2배이기 때문입니다.

2 비교하는 양이 기준량의 2배인 비를 2개 이상 쓰세요. (힌트 24쪽)

예 2 : 1
4 : 2
6 : 3

3 5 : 9를 서로 다른 4가지 방법으로 읽어 보세요. (힌트 30쪽)

5 대 9
5와 9의 비
5의 9에 대한 비
9에 대한 5의 비

잠깐! 서술형으로 쓰기 어려워? 그럼 앞에서 배운 걸 찾아보고 써도 좋아!

38 비와 비례 1

74

서술형으로 확인

▶ 정답 및 해설 36쪽

1 두 액자의 가로와 세로의 길이를 보고 같은 점을 쓰세요. (힌트 48쪽)

15 cm, 12 cm, 35 cm, 28 cm

가로에 대한 세로의 비율이 같아요. $\frac{12}{15}=\frac{28}{35}$
(또는, 세로에 대한 가로의 비율이 같아요. $\frac{15}{12}=\frac{35}{28}$)

2 인구 밀도를 구하는 식을 쓰세요. (힌트 61쪽)

인구 밀도 $=\frac{\text{인구}}{\text{넓이}}$
(넓이에 대한 인구의 비율)

3 지훈이는 30분 동안 1500 m를 갔습니다. 지훈이의 빠르기를 구하고, 의미를 설명해 보세요. (힌트 67쪽)

빠르기 $=\frac{1500\text{ m}}{30\text{분}}=50\text{ m/분}$
의미 : 지훈이는 1분 동안 50 m를 갔습니다.

잠깐! 서술형으로 쓰기 어려워? 그럼 앞에서 배운 걸 찾아보고 써도 좋아!

74 비와 비례 1

3. 백분율

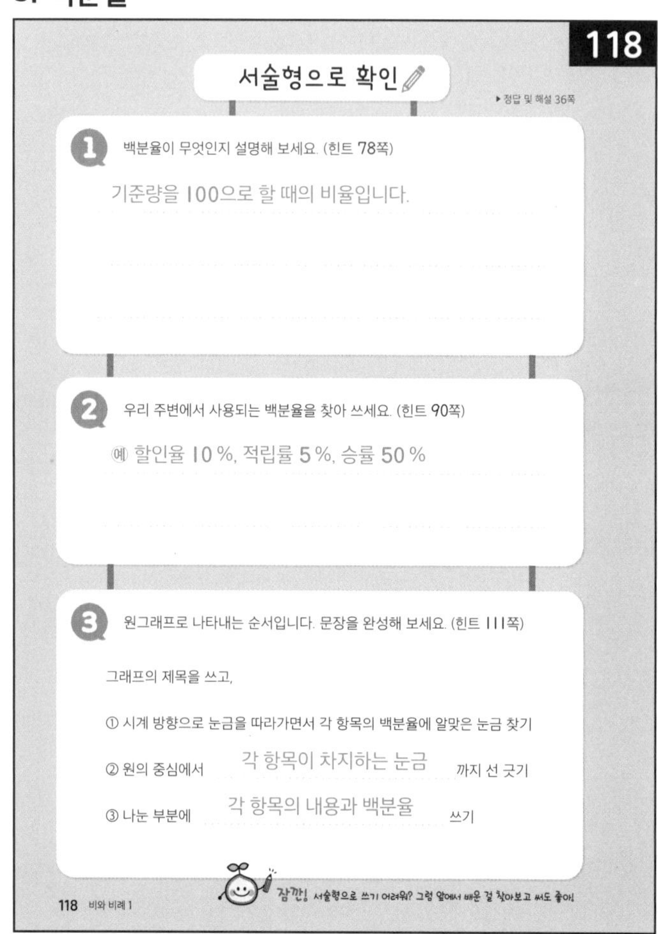

118

서술형으로 확인

▶ 정답 및 해설 36쪽

1 백분율이 무엇인지 설명해 보세요. (힌트 78쪽)

기준량을 100으로 할 때의 비율입니다.

2 우리 주변에서 사용되는 백분율을 찾아 쓰세요. (힌트 90쪽)

예 할인율 10 %, 적립률 5 %, 승률 50 %

3 원그래프로 나타내는 순서입니다. 문장을 완성해 보세요. (힌트 111쪽)

그래프의 제목을 쓰고,
① 시계 방향으로 눈금을 따라가면서 각 항목의 백분율에 알맞은 눈금 찾기
② 원의 중심에서 각 항목이 차지하는 눈금 까지 선 긋기
③ 나눈 부분에 각 항목의 내용과 백분율 쓰기

잠깐! 서술형으로 쓰기 어려워? 그럼 앞에서 배운 걸 찾아보고 써도 좋아!

118 비와 비례 1

MEMO

MEMO

MEMO

MEMO

초등수학 1

비와 비례

개념이 먼저다

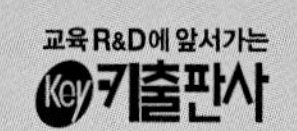

키출판사 수학 시리즈

수학의 재미를 발견하다!

이제 키출판사 **수학 시리즈**로 확실하게 **개념** 잡고, **수학** 잡으세요!